开辟通向更美好未来的道路
首先是建立一个更美好的现在

———

DISASTERS, RISKS AND REVELATION:
MAKING SENSE OF OUR TIMES

灾难
风险与启示

Steve Matthewman

[新西兰] 史蒂夫·马修曼 著

李玉良　王　丽 译

北京联合出版公司
Beijing United Publishing Co.,Ltd.

目录

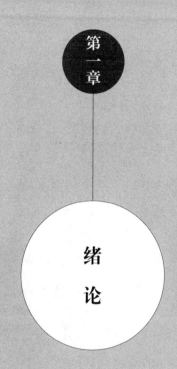

第一章

绪论

正如福岛的一项调查所揭示的那样，工厂的运营者"陷入了一个安全谬见，认为诸如核心熔化这样的严重事故是不可能发生的，因此，当危机真正出现在面前时，他们并没有任何准备"。

欧洲航天局的"重力场和静态洋流探测"（GOCE）卫星接收到了大地震所产生的低频声波。动力传递效应引发了全球范围内的小型地震。地震引发的海啸撼动了覆盖在南极大陆上的苏兹伯格冰架。两米高的海浪扑向智利海岸。印度尼西亚沿海房屋被摧毁。俄罗斯千岛群岛低洼地区一万多人被疏散。在巴布亚新几内亚，勃兰姆医院宣布，由海啸造成的损失高达400万美元。整个地球顿时处在放射性同位素的团团包围当中。一片长达3000多千米的地震海啸残骸漂浮在北太平洋洋面上。在互联网上，要求冷静的呼声和官方的否认被指控为阴谋论和对事实的掩盖。据报道，加拿大不列颠哥伦比亚省出现了碘化钾片抢购潮。在边境线以南的美国，防毒面具、盖革计数器和生存工具包的销量激增。路易斯安那州的一家卡车生产厂倒闭。芝加哥活牛期货价格创历史新高。瑞士再保险公司股价暴跌。专业油漆颜料喜乐瑞克全球断供；铝电容器、双马来酰亚胺－三嗪树脂、硅晶片、关键汽车部件供应也愈加短缺。许多欧洲国家宣布对本国能源政策进行彻底改革。世界市场铀价急剧下跌，液化天然气价格却陡然飙升。南澳大利亚的铀矿开采被搁置。在撒哈拉以南的非洲，一些铀矿推迟开采，原来计划进行的铀矿合并和收购提议被取消。英国的燃气发电陷入亏损。一个从日本运往圭亚那的集装箱被牙买加海关退回，理由是里面的货物具有放射性。英国第一家商业海藻农场开业。

　　以上所述均为媒体对一场灾难所引发的后果及其应对措施进行的报道，尽管灾难发生在遥远的地方，其影响却波及各大洲乃至外太空。2011 年 3 月 11 日，日本东北海岸发生了里氏 9.0 级的大型逆冲区地震。这是自现代科学仪器开始测量地震以来日本所经历过的最大地震，后来被称为东日本大地震。这场地震使日本本州岛向东移动了 2.4 米，地球自转轴因此发生位移。地震引发了局部高达 40 米的大海啸。海啸激起的水墙威力巨大，吞噬了世界上海啸预防措施最完备的海岸线之一。在仙台地区，海浪冲入内陆 10 千米。在福岛第一核电站，海浪冲垮了海堤，引起爆炸。核电站冷却系统失灵，三台反应堆机组熔毁。随后，有史以来最大规模的放射性物质排放到海水中。国际原子能机构宣布，按照国际核与辐射事件分级表（一种类似于地震学家衡量矩震级所用的分级模式）的分类，福岛核泄漏事故等级为 7 级，是最严重的核泄漏事故。

　　我们有时会用"福岛"这一名词来代表这一系列事件。有时我们称之为"3·11"，以便人们与"9·11"事件相关联。"9·11"事件被认为是21世纪足以影响世界格局的事件。福岛（意为幸福之岛、幸运之地）的系列事件颇为与众不同。世界银行（2012:2）将其认定为地球上第一场"四重"灾难：地震、海啸、核反应堆事故与世界范围的供应链中断结合在一起。福岛事件也使我们预见到了21世纪的风险和危害。今天的风险以其复杂性为特征，并因我们的相互联系而加剧。现代工业生产技术（包括核能）的不确定性和潜在影响力增大。小说家道格拉斯·库普兰（Douglas Coupland）写道："辐射是永远存在的。我认为，作为一个物种，我们同辐射的对话才刚刚开始。"（2014:19）放射学家戴维·J. 布伦纳（David J. Brenner）在书中写道："此外，虽然我们评估了低剂量辐射对健康的影响，但评估仍存在很大的不确定性。不了解风险，就意味着我们对'什么是合理疏散区域、需要疏散谁、何时疏散或何时允许人们返回'这些事情一无所知。"（2011）

　　21世纪的灾害呈现出许多新的特点。首先是破坏的规模大。它们破坏的基础设施更多，影响的人也更多。福岛事件中，日本宫城县、岩手县和福岛县受到的影响最大，2万人丧生，而流离失所的人数是死亡人数的1000倍，100万栋建筑物被毁。仅仅清理受灾现场的费用就已经超过10亿美元——而放射性污染究竟能否被"清理"，仍是一个颇有争议的问题。这次核泄漏被广泛认为是迄今为止最复杂的核事故。此外，"供应链中断所造成的间接损失可能与直接损失同样严重，甚至更严重"（UNISDR，2013c:185）。福岛事件还导致了大范围的停电和数百万人的供水中断（这也是为什么只提"四重"灾难很可能低估了它的破坏力）。其次，这些新的灾难在分布上要复杂得多。它们的影响范围太广，以致对它们的处理变得极其困难。幸福岛上发生的事情并没有被控制在幸福岛上，而是扩散开去。无论是放射性废物还是海啸残骸，都无法控制在日本的主权领土范围内，供应链的影响也波及全球。第三，在事件发生前，这些新的灾难是"不可想象"的（Smet，Lagadec and Leysen，2012:140—141）。正如福岛的一项调查所揭示的那样，工厂的运营者"陷入了一个安全谬见，认为诸如核心熔化这样的严重事故是不可能发生的，因此，当危机真正出现在面前时，他们并没有任何准备"（Soble，2014:2）。

正如福岛在各种地球系统（大气、陆地和海洋）中发挥作用一样，它也在许多人类系统（通信、经济、能源、卫生、技术和政治）中发挥作用。当然，这两个系统是紧密联系着的。构造力、海浪、洋流和风与定居模式、股价和商业惯例混合在一起。这些过程显示出多重空间性：地面零点①、250千米外（太空边缘）、13000千米外（在南极洲）。它们融合了自然、人类和社会技术等方方面面，显示出不同的时间性。一场灾难可以是同一时间发生的许多事件，也可以是不同时间发生的许多不同事件。虽然现在日本的游客数量与灾难发生前相当，但福岛仍然人烟稀少。日本汽车工业现在正常运转，但是，即使核反应堆能够被清理，

---

① 地面零点（ground zero）：又称爆心投影点，核爆炸时爆炸点或火球实际中心点垂直线与地面的交叉点。——编者注

清理工作也将持续一代人或更长的时间，而疏散区将在几十年内保持禁区状态。有些事情永远不会回到最初的状态，相反，我们必须做出调整来应对新常态。人类的结局和命运也会因所处的环境和所从事的职业变化而发生变化。对于那些直接受影响的县来说，福岛事件的情况很糟糕。它使日本经历了战后最严重的危机，将核工业从业人员推入谷底。但这个事件又为从事抗癌药物、页岩气田和液化天然气销售的人带来生机。在英国，它还催生了一个全新的商业企业——海藻农场。

这使我们不得不考虑福岛事件的影响。我们必须考虑能源、政治和经济领域的损失。福岛事件破坏了日本公众对当局的信任。在全球范围内，要求将核电从国家能源政策组合中剔除的压力越来越大，也动摇了商界对"即时"生产系统的信心。可持续发展的问题日益凸显，主要是提高企业透明度和政治透明度的要求、对清洁的可再生能源的需求，以及供应链安全问题等。

灾害决定时代
代价更重，后果更糟：
数量更多，规模更大，

灾害在很大程度上是现代环境的一部分，是导致人类安全感缺失和生存焦虑的根源。它是我们所处时代的综合征。本书旨在说明：现有一切证据都表明，灾害发生的频率越来越高，规模越来越大，造成的损失越来越大，后果也越来越严重。援助机构（Hillier and Castillo，2013）、慈善组织（Hillier and Castillo，2013）、灾害研究者（Perrow，2007:1）、再保险业（Bevere，Rogers and Grollimund，2011；Rauch，2012:31）、风险治理专家（Kröger，2005）、社会活动家（Klein，2007b:415；Solnit，2009:6）和联合国秘书处（World Bank，2003；UNGAR，2013），都印证了这些观点。

本书是灾害研究和社会理论的交叉研究，主要出于三个方面的考虑：灾害研究目前缺乏理论深度，尚处在主流社会学研究的边缘，这种边缘地位对灾害研究和社会学研究都不利。本研究认为，交叉研究中卓有成效的对话将使普通社会学从中获益，且我们现在比以往任何时候都更需要这种对话。

在灾害研究方面，人们已经开展了一些重要的工作。这些工作力图揭示那些原本可以避免的灾害发生的原因，并力求在灾害发生时保护、促进或恢复人类的集体福祉，这样的工作应该得到支持。偶尔也有人"羡慕这门学科"，因为它不仅以丰富的案例证实了学者们提出的众多想法和具有说服力的论证，并且在应急管理程序和公共政策应用方面极具应用价值（Valelly，2004）。然而，国际灾害研究委员会主席罗伯特·A.斯托林斯（Robert A. Stallings）在 2006 年的讲话中表示，尽管灾害研究者已尽其所能，但他仍然担心这些研究者注定要被"制度边缘化"，从而成为边缘人。同时，该领域的领军人物也批评灾害研究者对政治权力问题或保持沉默，或零敲碎打、孤军作战，理论上停滞不前（Vaughan，1999；Tierney，2007&2010:661）。

凯瑟琳·蒂尔尼（Kathleen Tierney，2010:660）认为，理论发展是灾害研究中急需加强的方面。在这方面，目前唯一值得注意的"进步"是从功能主义到中程理论的转变。理论的贫乏是灾害研究者经常提及的问题（见 Watts，1983；Dombrowsky，1995:242；Kreps and Drabek，1996:136；Stallings，2002:282，以及 2006；Alexander，2013；Vollmer，2013:3&7）。本书引进灾害研究的理论，对灾害问题，包括灾害发生的原因、后果及将来如何规避加以思考。其目的是将灾害研究与该领域传统以外的学术研究结合起来，以此推进我们对灾害的认识。

出于此目的，本书聚焦于大规模的事故和灾害。根据查尔斯·佩罗（Charles Perrow，1984:64）的定义，事故指对人、物和系统造成损害的意外事件。灾害则指人为造成和"自然"发生的重大事故，它有规模大、损失重、公共性、意外性和创伤性等特点（Turner and Pidgeon，1997:19）。本书借用了蒂尔尼（2014:11—12）提出的风险、隐患和脆弱性的说法。风险指的是令人类或其所重视的事物遭到威胁的环境和事件，并且这些威胁的后果是不明确的。隐患是指造成伤害和损害的原因。脆弱性指涉被置于风险中的人或物，换句话说，是指什么是有价值的，什么是暴露在危险中的。

虽然灾害已成为当代生活的决定性因素，但半个多世纪以来，灾害的初步定义以及为灾害研究提供依据的许多理论却相对一成不变（Fritz，1961；UNISDR，2009）。简言之，灾害研究没有跟上社会现实的步伐（Alexander，2013）。这是可以理解的。威尔·斯特芬（Will Steffen）和同事们（2011）称这一时期的变化是"人类历史上最急剧的，史无前例的……"。也就是说，虽然关于灾害的理论和概念更新缓慢，但它们试图理解的世界却已经发生了翻天覆地的变化。这些变化加在一起，大大增加了世界的脆弱性。其中一些最明显的因素包括：财富严重不均、人口激增并不断涌向城市、石油产量峰值的临近和其他资源的过度消耗以及人为性的气候变化。理查德·黑德（Richard Heede，2014）对 1854 年至 2010 年化石燃料及水泥生产的人为二氧化碳和甲烷排放量的研究表明，半数的排放来自 1986 年以后。地球环境遭遇人类破坏的程度严重，地球已经进入了"人类世"（Crutzen and Stoermer，2000）。人类世足以影响地球生态，以致人类已经被视为地质营力。声誉卓著的科学家们现在提出了这样一个问题："地球第六次大灭绝已经到来了吗？"（Barnosky et al.，2011）在本书第五章，我们认为风险和危害是我们这个时代所特有的。

爆发式灾害和渐进式灾害

灾害研究必须与时俱进。如果我们坚持强调当下的、可见的和令人瞩目的灾害，研究重点必然固定在"爆发式"灾害，而不是"渐进式"灾害上，前者爆发突然，后者则缓慢发生，如饥荒和流行病（Kreps and Drabek，1996:131—132）。然而，亨伯托·杰米（Humberto Jaime，2013）指出，在过去 20 年中，对美洲经济和人员来说，造成最大损失的恰恰是那些未被报道的"沉默灾害"。联合国国际减灾战略署的一项研究根据 16 个加勒比海地区和拉丁美洲国家 22 年来的数据，分析了从 1 万个自治市中提取的 8.3 万份历史记录，发现危害最大的灾害是那些避开新闻媒体"紧急幻象"的局部和经常性事件（Calhoun，2008）。由于这些事件在当代社会中司空见惯，它们在主流研究中很难被"算作"灾害，但它们的影响却是灾难性的：90% 的人身和生命损失及建筑物破坏都是由这些渐进式灾害引起的。本·威斯纳（Ben Wisner）及其同事（2003:3）列举的灾害流行病学研究中心（CRED）应急管理数据库（EM-DAT）数据表明，从长期来看，联合国国际减灾战略署的研究结果符合全球模式。应急管理数据库的数据显示，与洪水和野火等迅速爆发的灾害相比，饥荒和干旱等慢性灾害导致了绝大多数的死亡事件（86.9%）。本书第八章讨论"日常灾害"时将讨论灾害的其他方面，如强度和时间性。届时，我们将修正原来认为的只有在一定时间和地点范围内集中爆发的、令人瞩目的破坏性事件才是灾害的观点。

灾害的破坏性比官方发布的可能还要大。我们目前所掌握的统计数字很可能低估了其严重性。事实上，没有人真正知道灾害影响的严重程度。即使在资源富足的美国，专家们也认为他们缺乏统一的综合灾害损失数据库来收集数据，数据收集工作片面、零碎且不准确。"政策的必要性是明确的：当我们不知道如何统计这种损失，不知道这种损失发生的时间和地点时，我们如何能减少自然灾害的损失？"（Gall，Borden and Cutter，2009:808）再举一个例子，根据联合国《全球减少灾害风险评估报告》（*Global Assessment Report on Disaster Risk Reduction*），"直接灾害损失至少要比国际报告的数字高出 50%"（UNGAR，2013）。这可能正如杰米所指出的那样：我们只关注极端事件，而忽视了小事件。然而，与罕见的极端灾害事件相比，日常灾害事件，比如洪水和山体滑坡，很可能在其累积的过程中更具破坏性。这使一些学者认为，"决定灾害历史的不一定是极端灾害"（Marulanda，Cardona and Barbat，2010:568）。事实上，小型灾害常常是多发性的，影响长远而深刻。其频繁发生破坏了复原力，不利于可持续发展。

本着这些想法，马贝尔·马鲁兰达（Mabel Marulanda）和同事们
（2010）研究了 1971 年至 2002 年间发生在哥伦比亚的灾害。在此期
间，一些大灾害引人注目，如波帕扬地震（1983）、内瓦多德尔鲁伊斯
火山爆发（1985）以及蒂埃拉登特罗和金迪奥地震（1994、1999）。然
而，利用历史灾害数据库 DesInventar 进行的一项研究表明，在哥伦比
亚，小灾害也同样影响广泛。该数据库将灾害注册入库，并提供软件
应用，进行灾害影响分析。分析发现，在 1971 年至 2002 年间，虽然
内瓦多德尔鲁伊斯火山爆发所造成的死亡比小型灾害所造成的死亡人
数更多（前者 24442 人，后者 9475 人），但小型灾害波及的人数却比
此次火山爆发和金迪奥地震中死伤人数的总和还要多（前者 1745531
人，后者 392882 人），其所摧毁的房屋更多（前者 93160 座，后
者 41531 座），破坏的农作物和房屋也更多（Marulanda，Cardona and
Barbat，2010:560）。

DesInventar 数据库衡量死亡、受伤、作物破坏、住房存量和总体经
济成本损失。与其他灾害数据库一样，该数据库远非完美，例如，它偏
重于安蒂奥基亚、波哥大 / 昆迪纳马卡和考卡山谷地区的灾害管理，但
它所收集的事件是 EM-DAT 等较知名的数据库所没有的。在 EM-DAT 中
注册一个灾害必须满足以下一个或多个标准：事故造成 10 人以上死亡；
至少 100 人受到不利影响；宣布进入紧急状态；需要国际援助；等等。
因此，它只列出了 1971 年至 2002 年间在哥伦比亚发生的 97 起灾害事

件，而 DesInventar 则记录了 19000 多起灾害事件，所记录的死亡人数几乎是 EM-DAT 的五倍。

显然，还有大量的人类苦难和环境破坏未被关注。菲利帕·罗斯（Philippa Ross，2014）指出，我们进行人员查核时，"有关这个问题的数据少得令人担忧"。一些学者建议关注那些通常不会被登记为事件的灾害，鼓励我们拓宽视野，重新思考灾害问题，并更多地关注频发性的和渐进的灾害，关注经济和环境方面的灾害。我们在第八章中将会采纳这一建议。

关键问题、关注和主题

下文将重点讨论以下问题：

- ◎ 我们为什么要研究灾害？
- ◎ 这种研究将向我们揭示什么问题？
- ◎ 灾害包括哪些？
- ◎ 灾害中哪些人最重要？
- ◎ 谁来做决定？
- ◎ 我们面临哪些新的风险和危害？
- ◎ 谁将受到最严重的伤害？
- ◎ 我们如何才能减轻灾害的影响？

本书的写作动机是出于对以下问题的关注：

◎ 灾害数量呈上升趋势，其规模、频率和损失都在增加。

◎ 新的灾害形式正在形成，"不可能的事情"正在发生。这些都源
   于整个世界日益复杂和密切的联系，而这恰恰又关系到政治经济
   和全球化的问题。

◎ 在这个瞬息万变的时代，灾害的定义却未曾更新。

◎ 在迫切需要灾害研究之时，它却受到了知识边缘化的威胁。

◎ 即使在富裕国家，我们也并没有全面了解灾害的真实伤亡数字，
   这显然具有政策暗示。

◎ 灾害研究者所关注的大事件可能并不是伤亡最大的事件。

◎ 忽略了最具破坏性的灾损类型的灾害社会学几乎名不副实。

本书中反复出现的几个主题：

◎ 看似不可能的可能。

◎ 对新常态理解的探究。

◎ 资本主义——灾害的生产系统。

◎ 私人利益和公共利益之间的矛盾。

◎ 风险和权力之间的联系：谁和什么重要，谁的利益和谁的痛苦？

◎ 突发与日常的关系：灾难是事件还是过程？

◎ 我们该如何定义灾害？我们最终将把灾害定义为对生命和生命系统的重大损害。

　　不过贯穿始终的中心主题是把灾害与其启示相对接。灾害为我们打开一扇窗，让我们对那些被忽视的社会现实有了深入的了解。因此，灾害可以看作是披露的模式和沟通的形式。它们究竟向我们揭示了什么？

　　第一章揭示了足以影响当今世界的强大力量。不管这种力量是自然的还是人为的，它在地球物理和社会技术方面都造成了全球性的后果。灾害已成为当今世界的时代综合征。在第二章中，我们认为，灾害掀开了社会的面纱，揭示了社会的运作机制及其缺点、承受度、应对能力，以及哪些事情会抢占先机，而哪些事情被边缘化等问题。灾害揭示了不同的痛苦——少数群体和大多数穷人受到的打击最大。但它们也揭示了人们对纯粹人际关系的渴望，渴望与他人共生、共享，守望相助。第三章表明，灾害揭示了技术的实质、社会的征兆和偏见的骚动。也就是说，灾害向我们展示了客观世界所扮演的角色。灾害象征着社会的焦虑和时代的变迁，它们凸显了强者的阴谋。在第四章中，灾害揭示了我们的新常态：没有人是专家，技术、系统和社会安排摆脱了我们的控制。灾害还揭示了我们体制的健康状况。第五章延续了这些主题，揭示我们赖以生存的复杂社会技术系统的脆弱性，比如风险的社会—时间延伸和控制风险的难度。同样，灾害也揭示了我们普遍的生存状况，凸显出社会进步的薄弱环节。在第六章中，灾害被用来揭示主要社会机构的不作为、收益的私有化和痛苦的社会化。灾害让我们看到了财富的两极分化和种族不平等的加剧。灾害也揭示了理想的受害者：不阻碍资本自由流动的人。第七章和第八章沿用了这一线索。灾害再次暴露了一个饱受阶级、种族和性别不平等蹂躏的世界。它们还揭示了这样一个事实：正常运作的资本主义本质上是一场日常灾害。如果目前所探讨的让我们看到了因灾害而暴露出来的社会的糟糕，那么，在最后的第九章中，灾害也展示了我们最好的一面：亲近社会，关爱他人，致力于美好社区建设。

第二章

社会学与灾害

如果政府和媒体同样强调每天死于车祸的人数，我们可能会吓得不敢上车。

显然，社会学家应当积极投身于灾害研究。首先是为了解释世界。鉴于其规模的扩大和严重性的增加，灾害已成为现实社会不可分割的组成部分。正如联合国前秘书长潘基文所说，我们"生活在一个危机空前的时代"（Quoted in Borger，2014:1）。尽管灾害研究有浓厚的社会学兴趣做基础，沃尔夫·R.东布罗夫斯基（Wolf R. Dombrowsky，1995:242）还是禁不住叹息："社会学灾害研究中仍然缺乏坚实的社会学理论基础。"既然我们的任务是全面描绘社会现状，那么不深入其中就意味着我们在社会学事业上不作为。

　　投身于灾害研究的第二个原因是为了改变世界。埃文·考尔德·威廉姆斯（Evan Calder Williams，2011:8）这样来描述我们的现状：大片地区被忽视，贫富差距扩大，阶级冲突加剧，公有土地被圈占，劳动力过剩，饥饿和疾病导致群体死亡，人道主义干预伪装下的军事行动，人为的气候变化及其引发的"自然"灾害。我们不能任由这种状况继续发展下去，更不用说任其加剧。灾害研究者以追求社会正义为目标，寻求减轻集体伤害的途径，探索降低脆弱性和建立复原力的方法。此外，受灾害影响的社区本身有时也会做出不同的反应，这一点我们将从下面的讨论和结论中看到。

在下面的讨论中，我们通过考虑灾害研究对社会学的四点贡献，为灾害研究的"主流化"辩护：理论上的完善、对现有社会制度的启发、向权力说真话的能力，以及以全新方式看待人类（和社会人）的可能性。

为宏大理论奠基

灾害现场工作可以为宏大的理论奠定基础，并促使其不断完善（Stallings，2006）。长期以来，社会理论家一直认为，现代生活本身就是灾难片（Baudrillard，1994:40）。像"9·11"和全球金融危机（GFC）这样的重大灾害更是直接被比作灾难大片（Žižek，2002:11；Badiou，2010:91）。理论家们还认为，我们生活在一个高风险社会中，技术的发展和使用中存在的固有危险，推动了社会的变革（Beck，1997:23）。我们也生活在一个事故广泛化的时代（Virilio，2003），事故的频发定义了我们的文化（Massumi，1993:7）。对灾害共有的恐惧使我们团结起来（Žižek，2008b:79）。齐泽克（Žižek，2005:35）提醒我们，"灾害化"的倾向并无新意——主要的理论家们在 20 世纪都做过这样的论述。事实上，他自己在 2010 年出版的《活在末世》（*Living in the End Times*）中也这样陈述。灾害化的倾向必定是存在的。乌尔里希·贝克（Ulrich Beck，1999:53）纠缠于"最糟糕的事故"，安东尼·吉登斯（Anthony Giddens，1990:124—125）聚焦在"真正可怕的"危害"以威吓的姿态出现在我们面前"，保罗·维利里奥（Paul Virilio，1995）认为灾害是"普遍的"或"综合的"事故，而让·鲍德里亚（Jean Baudrillard，2010:97）将灾害视为"毁灭性事件"。然而，这一次，他们是对的。灾害研究者和官方机构提供了大量证据来证明他们的说法。

然而，在探究我们这个时代的意义时，理论家们通常将社会视为一个抽象的整体，因此，他们的研究通常停留在高度抽象的层面。以最重要的风险和事故理论家贝克和维利里奥为例（我们将在第五章中详细讨论他们的观点）。两人都不注重细枝末节。贝克（1992b:9）在《风险社会》（*Risk Society*）的序言中这样引导他的读者——"接下来的内容根本不是按照实证性社会研究的思路进行的"，以此来劝说读者放弃对细节描述的期望。同样，对维利里奥而言，宏大理论的探讨总是胜过实证研究，事件描述会搅乱解释。看似惯常条件的背后通常隐藏着丰富的潜在差异。正如维利里奥所言："我不相信解释，我相信的是联想，是内涵的外在表现"，"我在楼梯旁工作……我写下一个句子，我想出一个观点，当我就这个观点产生足够多的联想时，我会产生另一个想法，而不需要纠结中间的过程"（Virilio and Lotringer，2008:44—45）。

虽然贝克承认危险和污染产业从富国向穷国的转移是危险的，但他也断言，我们正经历"全球范围内风险的平等化"（Beck，1992b:41）。

全球化贸易促进了国家和地区间的相互联系，也将危害带到了原本无灾害的地方，如进口食品中的农药残留。没有人能够幸免，这就是当今风险的"飞去来器效应"（boomerang effect）。我们将在对巴西的维拉帕里西和印度的博帕尔的讨论中阐述这些观点。德国《明镜》周刊（*Der spiegel*）认定维拉帕里西为全球污染最严重的化工区，污染主要是由众多的炼油厂和化工厂造成的。它也称博帕尔为历史上最严重工业灾害的发生地（第五章将对这一观点展开更全面的讨论）。1984 年 2 月 25 日的石油泄漏事故中，70 万升石油涌入维拉帕里西周围的沼泽地后被引燃，该镇 500 多名居民顿时丧身火场。1984 年 12 月 3 日，博帕尔的联合碳化物（印度）有限公司发生毒气泄漏，50 多万人暴露在有毒气体异氰酸甲酯中，附近几千名棚户区居民死亡。根据引用的证据，巴西别墅区和印度贫民区之间毫无对等可言。你更愿意住在哪里，巴西棚户区、印度贫民窟还是巴伐利亚农村？你会选择什么时候死，即刻还是几十年后？你会选择怎么死，自焚、窒息还是寿终正寝？这里要说明的是，世界上最贫穷的人没有选择。

相反，事故和灾害研究显示，不同的群体对同一灾害的影响及其强度有不同的体验。风险和事故带来的损害因群体不同而有所差别。弱势和边缘化社区结构化的布局，使他们在此类事件中生存或死亡的机会被显著放大。如果我们以"风险社会"理论流行的 10 年——20 世纪 90 年代——为例，受灾或因灾死亡的人中，96% 的人生活在北美以外地区，高达 99% 的伤亡者生活在欧洲以外地区（Walker and Walter，2000:173—

175）。灾害研究人员根据经验绘制了这些极度失衡的风险分布图。即使在北美这样的全球特权区，危险和灾害也呈现出区域特点（Cutter，2001），苦难仍倾向于沿着年龄、性别、种族和社会阶层等熟悉的分界线分化（Bullard，1993，2008；Klinenberg，2003；Barnshaw and Trainor，2007；Dyson，2007；David and Enarson，2012）。受害者研究这一主题将在第六至八章进行详细探讨。

风险社会的兴起被认为是工业现代性的意外结果（Beck，2004:197）。当不必要的、最终无法控制的副作用在社会系统中占据主导地位时，风险社会就会出现。乌尔里希·贝克（2004:197）写道："'副作用'的概念不仅仅是一个口号"，"它是这个理论与古典时代社会科学的关键区别"。然而有趣的是，贝克认为西方工业主义的负面"飞去来器效应"仅仅影响了西方社会，而实际上，我们应当开阔视野。例如，谈到人为的气候变化时，为工业进步付出代价的似乎不是西方社会，而是世界上最贫穷的人。

鉴于这一点，在2010年坎昆世界气候大会上，43个小岛屿国家联盟成员国的政治代表共同表示，如果发达国家不将全球升温控制在2摄氏度以内，他们将受到"历史末日"的威胁。全球升温导致的海平面上升必将淹没一些岛屿，其中包括基里巴斯、图瓦卢和马尔代夫。佛得角群岛驻联合国大使安东尼奥·利马说："整个群岛正面临灾害。我们不想成为21世纪被遗忘的牺牲品。"（Quoted in Vidal，2010）

全球变暖同样威胁着发展中国家，给它们带来巨大的、难以承受的经济损失。干旱、洪水和风暴等气候变化将越来越多的国家置于高风险乃至极端风险当中。根据风险分析公司梅普尔克罗夫特公司 2014 年《年度气候变化和环境风险地图集》（*Climate Change and Environmental Risk Atlas*）的计算，到 2025 年，世界近三分之一的经济产出将来源于风险国家。糟糕的是，情况正在急剧恶化。这一预测比例仅比目前的比例高 50%，而仅经过 7 年的发展，目前的数字已经是该公司 2008 年开始这项研究时的 2 倍。梅普尔克罗夫特公司预测，由于受气候变化的影响，孟加拉国、几内亚比绍、塞拉利昂、海地和南苏丹将成为经济风险最大的国家，而西非和萨赫勒地区也会因全球变暖而风险陡增。

同样重要的是，我们该关注哪些危险，以及如何关注。慕尼黑再保险集团的探索揭示出不同的风险状况。他们利用世界上第一份全球城市多灾种评估报告，评估了自然灾害威胁全球经济的程度。他们的"NatCat"数据库根据城市规模（要求人口超过 200 万）和经济重要性（以每个城市的 GDP 占全国 GDP 的比例来衡量）编制了一份包括 50 个城市在内的名单，再根据三个变量，即风险暴露、建筑形式的脆弱性和风险财产的价值对这些城市进行评估。最后的名单中有 30 个中低收入国家城市和 20 个高收入国家城市。但是，在编制世界上经济最脆弱的 20 个城市名单时，不出所料，17 个城市来自高收入国家，居于前列的是东京、旧金山、大阪、京都、神户、迈阿密和纽约（Cited in International Federation of Red Cross and Red Crescent Societies，2010:39）。

与灾害有关的死亡事件多发生在发展中国家。干旱多发生在非洲之角（UNDP，2012）。风暴、风暴潮、河流洪水、地震和海啸对人类生命造成的威胁则主要集中在亚洲。瑞士再保险公司在《小心风险：受到自然灾害威胁的全球城市排名》（*Mind the Risk: A Global Ranking of Threats from Natural Disasters*）中列出了最危险的地方，包括东京—横滨、马尼拉、大阪—神户和雅加达等。我们必须再次强调，灾害对人类的威胁是深远的。以上几个地区的人口总数为 1.86 亿（Sundermann，Schleske and Hausmann，2013:11）。联合国称，"由于发展模式的失衡、人口压力的增加和极端气候事件的综合影响，灾害风险正在呈指数增长"（Quoted in Tierney，2014:155），因此，亚太地区灾害风险的前景不容乐观。

因此，灾害研究者向我们表明，对不同的地区和群体而言，灾害带来的风险和苦难从来都不是均等的。脱离对脆弱性和危害暴露的研究而讨论风险，本质上是毫无意义的（Tierney，2014:15），社会理论家应当从中得到启示。

揭示社会结构

灾害凸显了现有社会的基础。危机之下，社会关系得以极度放大。斯托林斯（2002:300）表明，灾害提供了最佳机会，让社会研究者得以获取个人和集体意义构建的模式。价值和信仰、偏好和偏见、运转或运转失常、作为或不作为都是公开的。或者，用斯蒂芬·卢克斯（Stephen Lukes, 2006）的话说："灾害……揭开了面纱。"这为灾害的"实践"提供了另一种意义——它们作为社会科学方法论的作用。哈维·莫洛奇（Harvey Molotch, 1970:144）研究了圣巴巴拉的一次漏油事件及事后当局对事故所做的处理，发现当局的处置完全出于对肇事者利益的考虑，而不是受害社区的利益。他由此得出结论："社会学家应该在灾害发生时做好准备，积极参与其中。"我们将在下一章更详细地讨论这一观点以及相关的著作。

灾害：什么最重要？

灾害可以被视为现实世界的实验，检验社会的复原力和应对机制。从这个意义上说，灾害凸显了社会的优势和弱点，使人们意识到自身的局限性（Fritz in Knowles，2011:209）。此外，灾害还是社会的一把标尺，帮助我们度量出那些对我们来说十分重要的因素。例如，当全球金融危机发生时，富裕国家调集了前所未闻的大量资源来拯救国际银行业。就优先级而言，这在北美和整个欧元区的政治议程中名列前茅。大卫·哈维（David Harvey，2014:173）写道，"中央银行总是放活银行"，"但他们从不救助人民"。相反，选民们得到的却是严重的政策紧缩。其他本应该更值得关注的问题被无视。相对较少的资源被投入到消除贫困或避免环境灾害上。巨额资金瞬间投入到金融市场，以恢复投资者对市场的信心，而人类贫困和环境恶化等具体而紧迫问题的处理却再次被严重推迟（Žižek，2009:80）。

这些"日常灾害"，如贫困和污染，往往缺乏政治关注度。日常事件也是如此，它向我们揭示出另一方面——社会将容忍什么。贝克（1992b:46）在谈到与汽车相关的伤亡事件时指出，"可以说，在德国，每年因车祸而丧生的人数相当于一个中等规模城市的人口，他们消失得无影无踪。人们甚至已经对这种情况习以为常了"。如果我们意识到车祸中消失的人口数目可能比重大冲突中的伤亡人数还要多，那么接受这种观点显然是不合理的。维利里奥（2008:136）说："法国高速公路上车祸事故受害者多达 15000 名，比黎巴嫩战争的伤亡人数还要多，但却没有引起人们的重视。"鲍德里亚也强调：在这个奥威尔式的世界里，战争可以比和平更安全，至少对于优越的侵略部队来说是如此。关于第一次海湾战争中"具有讽刺意味的资产负债表"，他写道："简单的计算表明，7 个月中，参与海湾战争行动的美国士兵有 50 万，如果不是逃离了原来的平民生活，仅死于交通事故的人数就会是他们的 3 倍。那么，我们难道应该考虑发动清洁战争来减少和平时期的谋杀性死亡人数吗？"（Baudrillard，1995:69）他的结论是："在此基础上，我们应该发展一种反常规效应哲学。"许多人都会赞同鲍德里亚的结论，即社会科学应该把对意外后果的研究作为主要关注点（Merton，1936；Popper，1963；Portes，2000）。

为什么我们对"日常灾害"有如此高的容忍度？为了尝试回答这个问题，蒂尔尼（2014:240—241）建议，我们应当探索风险与权力之间的联系。她引用卢克斯的作品来探索二者之间的联系。经济上和政治上的权势者掌管了我们的现实。他们决定谁处于风险之中，哪些风险是可以接受的，哪些是急需关注的。通常，在冲突和争端中掌握主动权的是强势者，他们的意愿会得以实现，这包括推出监管框架和保护措施，以及决定各种风险后果的最终承担者。换句话说，他们决定了政治议程。最后，他们努力维护当前的社会秩序，因为这样做符合他们的利益。他们经常利用媒体来确保这种优势并赢得支持。在这里，鲍曼（Bauman，2004:53）指出了媒体议程设置的作用：他们优先考虑的事情成了我们所害怕的事情。几十亿人可能会受到恐怖活动的威胁，但这并没有相应地转化为大量受害者："被恐怖活动杀害的人数量非常少。如果政府和媒体同样强调每天死于车祸的人数，我们可能会吓得不敢上车。"（Edelmann quoted in Bauman，2004:53）兰登·温纳（Langdon Winner，2006:283）强调了这一点，他写道："在美国，每年约有4万人死于车祸，但汽车的制造和驾驶方式仍然非常不安全。相比之下，在'9·11'袭击中，有3011人死亡。我们现在无休止地为3011人的死亡而苦恼，却把4万人的死亡视为理所当然。"如果人们认为车祸死亡是司空见惯的事情，他们必然也会认为汽车对环境的破坏是不足为奇的。当"埃克森·瓦尔迪兹"号搁浅，数十万桶原油泄漏到阿拉斯加的威廉王子湾时，人们认为这是灾难性的。亚历山大·考克本（Alexander Cockburn，1995:163）讽刺性地指出，"正常情况下"，"这艘船将前往加利福尼亚的长滩，卸下原油，经过适当提炼后，这些原油将通过汽车排气管排放到洛杉矶上空"。

灾害：谁最重要?

"灾害是一把社会标尺"还有另外一层含义。它可以让原本默默无闻的弱势群体得到关注；然而，在"谁"能得到关注的问题上，种族、性别和阶级的不平等仍然在起作用。这在数据收集和媒体报道中都有体现。在少数群体确实得到媒体报道的情况下，他们更有可能被贴上负面标签，当然，他们也可能被当局忽视。

恶搞报纸《洋葱报》（*The Onion*）2010 年 1 月 25 日刊登了《大地震后惊现"海地"岛的完整文明》一文。该报以震惊的语气宣布发现了一个已经存在了 300 年的完整社会。直到救援人员被派往多米尼加共和国的豪华度假村检查美国人的伤亡情况时，这个社会才为世人所知。他们讽刺之作的内容与事实相差无几。对于朱诺特·迪亚斯（Junot Diaz，2011）来说，地震首先向我们揭示了海地的存在，虽然这听起来可能很明显：

> 考虑到有一股强大的否认能量（面纱），能够将大多数第三世界国家及其问题挡在全球视线之外，这绝非易事。对大多数人来说，海地从来都只是地图上的一个小点，弱小而遥远，以至于那里发生的事情可能就像发生在另一个星球上一样。地震一度改变了这一点，撕开了地球人眼前的面纱，将我们大家亲眼所见或电视上看到的一切展现在我们面前：一个绝望到超乎想象的海地。如果说卡特里娜飓风揭示了美国的第三世界，那么地震则揭示了第三世界的第三世界。

同样，大卫·哈维（2014:6）指出，灾害——比如孟加拉国工厂倒塌导致 1000 名服装工人死亡——刺破了日常生活的神秘感。平时我们对谁种植我们的食物、建造我们的住所或制作我们的衣服毫无兴趣。我们几乎不知道为保证我们的日常生活顺利、舒适，别人可能会遭受不幸。

我们经常选择不去了解。可是，当灾害发生时，这些匿名的"他者"可能会突然变得清晰可见。

威廉·C. 亚当斯（William C. Adams，1986）对美国主流媒体对世界各地自然灾害的报道进行了一项经典研究。研究发现，报道中的事件存在截然不同的优先级。亚当斯评估了 1972 年 1 月至 1985 年 6 月期间造成 300 人以上死亡的自然灾害报道。评估数据来自通讯社、《纽约时报》（ *The New York Times* ）和《华盛顿邮报》（ *The Washington Post* ）。随后，把这些数据与 1986 年的《世界年鉴》（ *World Almanac* ）进行了核对。亚当斯研究了主要新闻媒体［ABC（美国传播公司）、CBS（哥伦比亚广播公司）和 NBC（美国全国广播公司）］在随后的一个月里对每场灾害的报道。按死亡人数计算，唐山大地震是 20 世纪最严重的灾害，但即使从他的样本中剔除唐山大地震，亚当斯也发现灾害严重程度和电视报道之间没有关系。在对不同人种的报道上，亚当斯发现，优先级的差别依然存在。西欧人以相当大的优势排在第一位，东欧人排在第二位，拉美人则被远远甩在后面，排在第三位。"如果用我们的数据建立一个相对覆盖率的等式，一个意大利人的死亡等于三个罗马尼亚人、九个拉丁美洲人、十一个中东人或十二个亚洲人的死亡。"（Adams，1986:117）

研究人员在长期的研究中发现，由于赤裸裸的种族主义和固有的后勤保障困难等，在官方死亡人数统计中，外来人员、流动工人和少数群体缺乏代表性。因此，在 1900 年加尔维斯顿飓风中，游客和百老汇以南的非裔美国居民被排除在死亡名单之外；1906 年的旧金山大地震，死亡人数统计范围不包括华人；1917年在哈利法克斯发生的"勃朗峰"号爆炸事件的记录中，没有包括土著米克马克人社区的伤亡人数；1928年佛罗里达州飓风中的外国农场工人被排除在死亡统计之外，就像1993年墨西哥瓜达拉哈拉汽油爆炸事件中的流动工人被排除在数字之外一样，亦如拉丁美洲移民被排除在"9·11"事件的官方死亡人数之外（Aguirre and Quarantelli，2008）。

最近的媒体区别对待的例子来自卡特里娜飓风（或者更正确地说，失败的防洪堤系统和失败的救灾行动）。飓风使以黑人为主的新奥尔良市的100多万人流离失所，流落他乡。很快，主流媒体就把他们称为难民。他们不再是美国同胞，而是无国籍人士。社区活动家格拉伦·B. 班克斯（Gralen B. Banks）在斯派克·李（Spike Lee，2006）的史诗级纪录片中反问道："该死的，风暴来临时，它把我们的公民身份也吹走了？"除了被象征性地剥夺公民身份外，他们还经常被剥夺行动自由。格雷特纳的警察拔出枪，对准那些试图穿过新月城连接桥逃到安全地带去的人。除此之外，还有媒体的贴标签行为：幸存者手中的食物，到底是抢的还是找的？有人指责说，这与肤色有关。如果你是黑人，你很可能非法拥有你的消耗品，而如果你是白人，你就理所应当地拥有它们。卡特里娜飓风的破坏性使人们向当局提出了一些令他们不安的问题，这些问题聚焦种族、阶级和贫困。卢克斯（2006）指出了一些最突出的问题：路易斯安那州的灾害是否可以避免？如果可以，由谁来预防？为什么灾害规划如此无力？为什么恢复工作不协调、无成效？谁应受到责备？为什么穷人和非裔美国人受苦最深？在这种糟糕的情况下，"正常"受到了前所未有的质问。

当一艘船在他们的领土上搁浅后，不列颠哥伦比亚省的第一民族也感到被当局抛弃。2006 年 3 月 22 日，"北方皇后"号渡轮在格伦维尔海峡沉没。它在从鲁珀特王子港前往哈迪港的途中，与吉尔岛的岩石相撞。虽然船上的 101 人中有 99 人幸存，但柴油继续从油箱中泄漏。海伦·克利夫顿是沿海地区的土著居民之一，她说："我们不得不学习一种新的语言。'闪闪发光（sheen）''耀眼夺目（shine）''流水汩汩（burbling）''轰隆作响（boom）'。它让我们看到了灾害中的真相。"（Quoted in Barcott，2011:58）在这种情况下，布鲁斯·巴科特（Bruce Barcott，2011:58）写道："这次事故给他们上了两堂课……不管船有多安全，最普通的人为错误也会使船沉没（领航员沉浸在谈话中，忘记了转出航道而搁浅）。而当灾害发生时，残局只能由他们自己来收拾。"

灾害的模式

如果灾害总是鬼使神差、出乎意料地随机发生，那么社会学干预的余地就很小。然而，从 19 世纪末开始，社会学家就意识到：不幸是有社会模式的。埃米尔·涂尔干（Émile Durkheim，1979:120）留意到温带气候下事故受季节影响的规律。涂尔干引用的意大利三年的官方统计数据显示，事故的数量在夏季剧增，因为夏季是社会活动的高峰期。事故的第二个高峰出现在冬季。涂尔干说，冬季有其自身的危险性，特别是滑倒和摔倒的可能性大大增加。灾害学者随后揭示的模式惊人地一致：孤立的、弱小的、贫穷的人群境遇始终更糟。米克尔·艾林德（Mikael Elinder）和奥斯卡·埃里克森（Oscar Erixson，2012）对三个世纪以来影响15000人的海难进行了研究，结果发现，即使在海上，妇女和儿童也没有优先权。男子不会把优先权让给妇女，船员也不会把优先权让给乘客。

这种社会模式适用于所谓的自然事故，比如地震（Chou et al.，2004）、持续热浪（Klinenberg，2003）和严重风暴（Squires and Hartman，2006）；也适用于技术事故，如车祸。目前，对18—59岁的人而言，车祸是第四大杀手。在这种情况下，付出代价的是年轻人而不是老年人，是南半球的人口而不是北半球的人口，是行人而不是司机（Roberts，2003）。根据世界卫生组织的"暴力和伤害预防及残疾（VIP）"（Violence and Injury Prevention and Disability）项目，90%与车辆有关的死亡发生在发展中国家，其财务成本超过了这些国家得到的援助款。弗兰·诺里斯（Fran Norris）和同事（2002）对灾害模式进行了最全面的描绘。他们的受害者研究包括来自29个国家的160个独立样本。总的来说，它对60000名灾害幸存者进行了评估，测量了灾害给他们造成的心理、身体和生存能力方面的伤害。回归分析表明，就灾害的影响而言，未成年人比成年人受到的影响更大；发展中国家的人比富裕国家的人受到的影响更大；经历过恐怖主义等大规模暴力的人比自然灾害或技术灾害的幸存者受到的影响更大。在成人样本中，灾害对具有以下特征的人造成的影响更大：暴露程度严重的人、女性、中年人、少数民族成员、有其他生活压力和／或精神疾病的人。

社会学家还认为，同一社会群体中的人在态度、信念、性格和行为——包括驾驶行为——方面会相近。他们承担类似的风险，也会经历类似的事故。以色列一项研究整合了时间跨度为九年的事故和人口普查数据。在个人层面上，这些统计数据通过国家识别号码进行匹配。研究结果是一个包含 40 多万人的独特数据库（Factor，Yair and Mahalel，2010）。除了心理、环境和技术因素，如失误、能见度差和机械故障外，车祸还表现出一种社会形态。换句话说，车祸具有明显的社会模式，事故类型与严重性之间、社会属性与人口属性之间都有可观察到的联系。例如，他们对事故和人口普查数据的分析显示，年轻司机遭遇单车事故的概率更大。这些事故往往很严重，而且通常发生在晚上和周末。相比蓝领司机，未经专门训练的司机在长途驾驶大型车辆时往往遭遇更严重的事故（面对面的碰撞），而白领司机的风险又比蓝领司机低得多。以色列出行习惯调查的替代数据为 2008 年一项估算日常通勤情况的研究提供了补充，这项研究发现，在以色列的严重事故统计中，年轻的、非犹太人的、不富裕的、受教育程度较低的和技术水平较低的人所占比例过高。与来自美洲和欧洲的犹太人相比，来自非洲和亚洲的犹太人更容易发生事故。他们的结论是，"不幸是具有社会分布的，在那些死于事故的人中存在着可预测的社会秩序"（Factor，Yair and Mahalel，2010:1421，重点是后加的，见 IFRC，2014）。

向权力说真话

灾害给我们提供了日常生活中无法获得的见解。打破世俗的东西往往令人质疑。对莫洛奇和亚历山大来说，灾害具有重要的调查价值：它们揭示了社会布局或层级。首先，它们显示了一个社会减轻灾害的能力，显示了准备水平、稳健性和复原力。它们也可以揭示腐败，比如粗制滥造的建筑物在地震中倒塌（关于这一点，见 Saviano，2012）。最后，它们将注意力集中在那些被破坏或受到威胁的生活方式上。简·安娜·戈登（Jane Anna Gordon）和刘易斯·R. 戈登（Lewis R. Gordon）（2009:3&5）指出，灾害拉响了警报，发出了"连续的信号"，向社会本身展示了它所有的缺陷。它们使隐藏的东西浮出水面，包括隐藏的意义、秩序、优势模式。而这些正是社会学家本该始终关注的东西。

皮埃尔·布迪厄（Pierre Bourdieu）说，社会学是一门制造麻烦的学科；它扰乱了公认的事物秩序。社会学之所以是个麻烦，是因为它"揭示了那些被隐藏的、有时被压抑的东西"，因为它对权力说真话，因为它的"对象是社会斗争中的赌注——人们所隐藏的、他们所审查的、他们准备为之牺牲的东西"（Bourdieu，1993:9）。如前所述，灾害也具有启示性的作用。权力掮客可能会指定一些事物、事故或自然灾害，以此来逃避对其行为的指责，掩盖社会制度中固有的结构性暴力和优势模式。"穷人、有色人种、残疾人、老年人、无家可归者、依赖公共交通的人和非司机是最不能承受灾害的群体。而许多人常说的'自然'灾害，其实是政府和企业对这些人实施的社会不公行为。"（Bullard，2008:757）

那么，让我们回到灾害研究这一核心话题上。想想卡特里娜飓风。布什总统说，防洪堤的决口是无法预料的。但委托的报告和模拟结果一再表明，情况并非如此。这可能让总统感到震惊，但批评者更倾向于称卡特里娜飓风为"现代美国历史上最能令人预期的灾害"（Schama，2006:15）。联邦、州和城市当局对潜在风险规模的了解越来越多，但实际却减少了应对风险的公共开支。用于维护堤坝的预算拨款几乎减少了一半，也没有应急计划来疏散无助者。在 2004 年 9 月，飓风伊万袭击时，最贫困的人群被滞留在最后，这是卡特里娜飓风一个不祥的前奏。根据新奥尔良市《综合应急管理计划》（*Comprehensive Emergency Management Plan*），该市有 10 万居民没有汽车（该市三分之一的黑人人口属于这一类），15% 以上的居民依赖公共交通。新奥尔良市承认，该市所拥有的公共汽车数量只有疏散所有这些居民所需的四分之一（Bullard，2008:756）。

州和联邦组织在 2004 年进行了一次防灾——飓风帕姆——演习，以改善应对飓风的准备工作。演习中产生了一个行动计划，但从未施行。这就是灾害学者所说的"幻想文件"的例子，其目的是向他人保证：一切都在控制之中。但事实并非如此（Clarke，2001）。第二年的防灾演习被取消。结果，当飓风登陆时，当局无计可施。

当局的行政过失表现在明知现有防线不足，而不去维护和完善防洪堤。人在飓风面前是不平等的。城市中最有社会特权的人也拥有地理位置上的优势："地形梯度加倍成为阶级和种族梯度"（Smith，2006）。行政行动强化了现有的优势模式。一些人比其他人受到更好的保护。与密西西比河相邻的防洪堤系统在高度和维护水平上各不相同。这与土地的价值和其背后的人有关。最脆弱的人群是上九区和下九区的穷人，特别是已经多年被系统性忽视的非裔美国穷人。"新奥尔良的人民不只是在飓风中被抛弃，他们早就被抛弃了。"（Obama quoted in Smith，2006）

卡特里娜飓风过后，这种模式仍然存在。防洪堤保护继续与种族相关。在让蒂利、第九区和新奥尔良东部，几乎没有加固的防洪保护，而湖景房的富裕白人地区则有加固的 5.5 英尺（约合 1.68 米）防洪保护（Bullard，2008:777）。同时，穷人发现生活变得比以往任何时候都要困难。温可妮·亚当斯（Vincanne Adams，2012:194）写道："在卡特里娜飓风后的两到三年内，开发商和规划者以飓风和洪水为理由进行重建，拆掉了新奥尔良大部分公共补贴的低收入者出租房，即使是没有遭受洪水的公共住房也不例外。"截至 2008 年，下九区的 4820 栋房屋中只有

140 栋计划重建，而只有 11% 的飓风发生前的居住人口返回当地（Adams，Van Hattum and English，2009:620）。人们猜测，黑人人口是过剩的。领先的商业和政治精英们早就希望，甚至表达了这样的愿望，他们会去其他地方，让"逍遥城"成为其前身的迪士尼化版本，游客只管享受，而由一小部分服务人员去忍受新的低工资服务经济，这显然无法与消失的制造业部门相提并论（Davis，2005）。

眼下，这一自然行为只能是灾害性的，原因在于一系列有意识的政治行动，包括在灾害发生前后将基本服务外包给私人承包商的灾害性做法，以及为商业航运建立密西西比河海湾出口水道的大规模工程项目：该项目是以经济发展的名义提出的，但当重新审视其"利益"时，我们发现这些利益集中在当地的商业精英手中，而公共工程的成本却被民主化了，真正的风险被隐藏了（Freudenburg，Gramling，Laska and Erikson，2008）。密西西比河海湾出口水道制造了一种人为的危险。连接城市与海湾的 75 英里（约合 120 千米）长沟渠的建设，扼杀了曾帮助保护城市的盐敏感植被。事实上，湿地是密西西比三角洲的"绿色基础设施"，曾帮助城市抵御风暴潮和强风。现在，由于石油开采等，湿地正在遭遇严重破坏，数万英亩的土地也被破坏。许多人认为，密西西比河海湾出口水道实际上是一条"飓风公路"，将致命的洪水引入了城市（Freudenburg，Gramling，Laska and Erikson，2008:1026）。

城市如此轻易地被淹没（城市的 80% 被淹没），迫使美国陆军工程兵团承认他们的防洪系统不该如此脆弱。一份长达 6000 页的报告指出了防洪堤设计、建设和维护方面的问题。卡尔（Carl A. Strock）中将在2006 年 6 月 1 日的新闻发布会上，承认了陆军工程兵的"灾害性失败"。美国土木工程师协会随后对防洪堤系统的崩溃进行了研究，称其决堤是美国历史上最严重的工程灾害（Roth，2008）。

就卡特里娜飓风灾害而言，我们可以将时间的视域一直延伸回这座城市建立之初：为什么要将新奥尔良选址在那里？在巴黎看来，路易斯安那州新殖民地的首选首府是曼查克湾或比洛克西。前者有常年通航的水路，而且比新奥尔良更高、更干燥。放弃首选地点而将新奥尔良的驻地建在密西西比河上，这恰恰说明了私人利益胜过集体利益（制造灾害的一个共同因素）。让 - 巴普蒂斯特·勒莫安（Jean-Baptiste Le Moyne），即德·比安维尔先生（Sieur de Bienville），也即德罗伊中尉，后来的殖民地行政长官，曾在那里"赠予"自己大片土地。但是，这相当于把城市建在"灾害的边缘"（Powell，2012:163）。这里不仅海拔低——仅高出海平面 15 英尺（约合 4.57 米）——而且地下水位高，实际上是沼泽地，容易遭受飓风和洪水的侵袭。洪水可能来自上游，如来自上谷（Upper Valley）的春季融雪，或来自海上的风暴潮。

早期的警告信号是有目共睹的。这个法国殖民地建立于 1718 年，在第二年春天便经历了一场毁灭性的洪水。它被淹没了近六个月。1722年 9 月，也就是该定居点被正式指定为首府的那一年，一场飓风将当时的小镇夷为平地。在西班牙统治期间，这座城市遭遇了三次严重飓风和无数次小飓风的袭击。1795 年，总督弗朗西斯科·路易斯·赫克托

（Francisco Luis Hector）认为，由于没有有效的排水系统，他们可能不得不放弃这个小镇。这在劳伦斯·N. 鲍威尔（Lawrence N. Powell，2012）对该市建城及其早期历史的研究中有明确记录。他将其作品命名为《意外之城》（*The Accidental City*，Powell，2012:217—218），详细描述了这座城市：它"建在大陆架上……泥质高位建筑极其危险"，经常遭到"复杂多变的地质和气候"的挑战。

自然灾害真的存在吗？

　　上文已经指出关于自然灾害概念的主要不同意见。灾害的大多数方面都是由社会决定的，从危害的产生和暴露，到防备灾害，一直到灾害反应和重建。虽然灾害可能是由自然力量引发的，但社会、社会结构和资源却提供了加剧或减轻灾害的机会。在审视灾害影响时，我们需要考虑到建筑物和基础设施的坚固程度、国家实力及其安全网，以及收入分配水平等因素，后者有助于准确把握相应的应对能力。

　　以卡特里娜飓风为例，我们不得不承认，这场灾害的很大一部分是由大自然的威力造成的。谁也不会指责是美国政治大腕们制造了这样一场五级飓风。低气压积聚造成热带气浪或热带气旋的暖心风暴系统都与权力精英们无关。他们也无须对墨西哥湾流的暖水温度、低风切变或对流层的反气旋负责，虽然这些因素都助长了飓风的威力。他们没有发动飓风，也没有决定飓风在哪里上岸，但他们确实帮助建立了一个不平等的世界，他们做出了一系列不恰当的政治决定，加剧了卡特里娜飓风的破坏性影响。事实上，他们充分认识到强风、暴雨和巨浪带来的风暴潮会给新奥尔良市带来什么后果。社会学家可以揭露这些问题并用来追究当局者的责任。飓风是不可避免的。人为灾害则不然。因此，卡特里娜飓风可以被看作是一场"以社会为媒介的"风暴（Žižek，2008a:80），是"风化的公共基础设施和极端天气的致命组合"（Klein，2007b:415）。

如果我们将卡特里娜飓风视为一种自然行为，则意味着我们选择放弃追究一部分人的责任。其中包括那些只顾私利、无视社会公益的商业政策制定者，在区域和国家两个层面制定和执行导致差异脆弱性政策的人，那些规划和投资不善、机构性种族主义严重、容忍不达标工程、为发展而破坏环境的人，以及糟糕反应的联邦紧急事务管理署。继灾害学者之后，社会学家需要讲实话。灾害是结果，而非原因（Dombrowsky，1995:244）。灾害的潜在性并不一定导致灾害的发生。灾害之所以发生，是因为社会或社会的下层人口容易受到灾害的影响，而影响程度则取决于地点、基础设施供应、社会和政治组织模式、经济制度、主流意识形态、复原力水平和应对能力（Oliver-Smith and Hoffman，2002:3；Marulanda，Cardona and Barbat，2010:553）。

流行病和地震等其他典型的自然灾害也具有类似的特征。这些灾害的影响也是以社会为媒介的。没有人怀疑埃博拉病毒传播是一个严重的全球卫生紧急情况，但媒体报道可能会误导群众。有时，报道让人以为所有感染埃博拉病毒的人都会死亡。正如塞斯·伯伦斯廷（Seth Borenstein，2014）的文章所说，"埃博拉恐慌症日趋白热化"。但破坏性不能直接与病毒的影响挂钩。世界卫生组织（2014）指出，病例死亡率从 25% 到 90% 不等。如果我们想了解埃博拉的影响，需要超越其毒性，将目光投向公共卫生系统（及其脆弱性）。传染病医生和全球保健教授保罗·法默（Paul Farmer，2014）指出，遵守感染控制的标准和规范，可以显著降低埃博拉的致死率，如使用一次性注射器、戴手套和口罩、穿防护服。口服补液或静脉输液（这对西方急诊科来说并不是什么高难度的要求）也能有效阻止病毒传播。使用这些手段后，感染后的生存率可提高到 90%。这就是西方社会的人应该更加害怕流感的原因。到目前为止，"与金·卡戴珊结婚的人数……都比在美国感染埃博拉病毒的美国人多"（Borenstein，2014）。

但利比里亚的卫生系统远未达到西方标准。医生和保健人员数量很少，设备齐全的医院在当地更是少之又少，急需防护设备。这导致了可怕的连锁反应。一线医务人员正在死亡，医疗中心正在关闭。旅游业和贸易的缩减也会带来巨大的经济影响。法默（2014）提醒我们，一味片面关注自然事物是错误的，因为"埃博拉病毒迅速传播的罪魁祸首是脆弱的卫生系统，而不是史无前例的致病性或前所未知的传播方式"。拉里·布里连特（Larry Brilliant）为世卫组织消灭天花立下过汗马功劳。法默引用他的话说："暴发是不可避免的，而大流行却是可以避免的。"我们将在结论中再次回到这一观点。

地震也是不可避免的，但地震的致命性绝非仅取决于震级的高低。通过比较两场发生在不同国家的、震级相近的地震，我们会有所醒悟。其中一个国家在联合国（2010）人类发展指数中排名第 145 位，另一个国家排名第 3。2010 年 1 月 12 日，海地太子港附近发生 7.0 级地震。2010 年 9 月 4 日，新西兰基督城附近发生 7.1 级地震。建筑规范、建筑材料、人口密度、应急服务、医用物资和基础设施（也包括其他方面）的差异导致了截然不同的结果。在太子港，即时估算有 23 万人死亡，还有更多的人失踪，这使得它的严重程度至少是以往任何 7 级事件的两倍（Bilham，2010）。基督城则只有一人因心脏病发作而死亡（2011 年 2 月的地震则没有这么幸运）。

只有考虑到海地自独立以来一直所处的系统性欠发达的背景，它遭地震破坏的严重程度才能说得通。政治动荡、强压政策和极度贫困一直是海地的标签。尽管人们普遍认为海地是西方最贫穷的国家，但却很少认识到，"这种贫穷状态是漫长的历史进程中必然产生的"（Hallward，2010a:1）。事实上，作为圣多明各的领地，它是 18 世纪末最富有的殖民地，垄断了全球咖啡和糖的生产。这种成功得益于超暴力的种植园制度。1791 年，一场奴隶叛乱得以成功。这个世界上唯一一个由奴隶建立的国家，从那时起就一直在为自己的解放而付出代价。海地一直面临着严峻的挑战：政治孤立，贸易禁运，巨额赔偿，外国资助政治派别加剧权力竞争，被迫借贷导致外力的结构调整、威胁和实际入侵。

海地人向压迫者进行了三倍的赔付：奴隶劳动力、对法国人的赔偿和利息赔偿。前殖民者要求的惩罚性赔偿一直到 1947 年才完成。因为从 1915 年到 1934 年被美国军事占领，海地人还不得不与美国支持的独裁政权周旋。美国于 1994 年和 2004 年两次入侵，最后一次由联合国海地稳定特派团取代，负责协助维持治安。海地的近代经济史完全是由国际货币基金组织和其他全球债权人塑造的。因此，海地知识分子并没有将这场灾害称为地震，而是将其称为一种"联合危机"，结合了新自由主义政策和买办与外国统治的合谋（Schuller and Morales，2012:12），因为正是

> 这种贫困和软弱造成了今天太子港惨不忍睹的后果。自 20 世纪 70 年代末以来，新自由主义对海地农业经济的无情打击，迫使成千上万的小农户进入拥挤不堪的城市贫民窟。虽然没有可靠的统计数据，但太子港数十万居民现在住在极不符合标准的临时住处，这些岌岌可危的住房往往坐落在荒山野岭边上。在这种地方和条件下生活的人本身并无权选择，更无从谈及与他们所受伤害的程度相比是更"自然"还是更意外。（Hallward，2010b）

对"自然灾害"一词持怀疑态度的另一个原因是，要成为自然灾害，仅有自然界的力量是远远不够的，它必须对人类产生影响。大卫·亚历山大（David Alexander，2005:27）举了谢尔曼滑坡的例子。这次灾害是由 1964 年阿拉斯加的一次地震引起的，它以 180 千米每小时的速度，将

近 3000 万立方米的岩石倾倒进山谷。然而，在自然灾害的史册中却找不到它的位置，原因很简单，山谷里没有人居住，尽管滑坡对山谷中的其他物种带来了巨大的伤害。滑坡虽然伤害了其他物种，但没有伤害到人类。亚历山大将这次滑坡与两年后发生在南威尔士的阿伯凡灾害进行了对比。虽然后者是由山地煤矿废渣中的积水引起的，其规模仅及这次滑坡的 $1/194$，移动速度也只达到它的 $1/31$，但还是造成了 144 人死亡。因此，官方对此展开调查，并催生了有关矿山和采石场的新安全立法。几十年后，幸存者仍然难以走出其阴影（Morgan et al.，2003）。

看来，自然界必须对人类产生影响才能成为自然灾害。我们越来越多地看到人类对自然的影响，包括气候变暖、空气和水污染、水土流失、物种灭绝和海洋酸化。我们已经彻底改变了世界，以至于有人认为我们现在生活在"非自然历史"的时代（Lütticken，2007）。由于对地球的深远影响，人类正逐渐被认为是一种地质营力。罗斯·格尔布斯潘（Ross Gelbspan，2005）在《纽约时报》上写道："周一袭击路易斯安那州和密西西比州的飓风被国家气象局命名为卡特里娜。它的真名是全球变暖。"虽然很难归因，很难绝对肯定地说全球变暖造成了特定的灾害，但我们知道，在一个变暖的世界里，会出现更多的极端天气。大气变暖将使干旱、森林火灾和热浪更加严重，而且，由于大气变暖会保留更多的水汽，气候变化也将导致更严重的风暴和更大的洪水。我们将在第五章进一步考虑这些问题。

现在我们只想说明，"外部"自然灾害和"内部"技术事故之间的区别越来越难以维持。鲍曼（2006:5）认为这是"最可怕的区域……事故是自然发生的，但又不纯粹是这样；事故是由人类造成的，但又不完全是人为的原因。如果将事故看作是自然和人类共同作用的结果，却又发现两者都不像是事故的原因，这一定是某个野心过大却又无奈的事故和灾害频发的巫师学徒……所造成的。在这个区域，电网破产，油泵断流，股市崩溃"。然而，这种情况难有新意，解释不通。人类、自然和技术时刻纠缠在一起。人类的生存依赖于环境和一系列的技术安排。因此，在这个意义上，自然灾害同时也是社会技术事件。

例如，关于灾害，人们熟悉的一个说法是，地震不会杀死人，但建筑物会杀死人（McKenna，2011）。被震死或被脚下的地面开裂吞噬的概率非常低。相比之下，在地震中被掉落的砖石击中而死亡的情况是司空见惯的。在 2010 年 9 月 4 日的地震中，基督城的居民基本上没有受到伤害，但在 2011 年 2 月 22 日的地震中，情况就不一样了，共有 185 人死亡，其中一半以上（115 人）死于倒塌的坎特伯雷电视大楼内。官方调查认为，该大楼的设计存在缺陷，低于预期标准。该大楼的建设根本不应该获得许可（坎特伯雷地震皇家委员会最终报告，2012）。该建筑的工程师缺乏多层建筑的设计经验，属于超能力范围经营。他的工作也没有得到足够的监督。议会官员也感受到不小的压力：他们当时尽管有自己的保留意见，但最终还是批准了该建筑的建设。此外，调查还发现该建筑的施工主管人工程学位是伪造的（Bayer，2013）。

如此看来，我们需要的是综合考虑社会、技术和自然的力量。正如斯科特·胡勒（Scott Huler, 2011）在博客中谈到 2011 年 3 月的地震时所说的那样，地震引发了这场灾害：

> 作为自然灾害，海啸持续了大约一个小时，随后海啸的应急处置花了几天时间。但从长远来看，这种情况是作为纯粹的基础设施危机出现的。日本曾试图在没有福岛核电站的情况下自我调节，解决电力缺口。由于日本从来没有统一采用北美（60 赫兹）或欧洲（50 赫兹）的电力标准，而是同时使用 50 赫兹和 60 赫兹的电网，这使得情况变得更加复杂。日本目前已经在应对这一问题。我们暂且不提几十年来未能制定放射性废物的长期解决方案，也没有论证钍发电的可能性而导致的最严重的问题。关键是，因为一场地震和海啸，仅一杯咖啡的工夫之后，你便开始谈论用稀土尾矿发电。

任何关注当时媒体报道的人都心知肚明，关于冲击东北海岸的破坏性海浪的讨论很快就会失去热度，取而代之的热门话题将会是沿海社区的安置、城乡人口流动、供应链的脆弱性、长期的粮食安全、安全的能源供应、合适的基础设施、媒体的角色和日本政治的透明度等问题（Sand, 2011:34—35；Perrow, 2011；Huler, 2011；Watts, 2011）。

J. 史蒂芬·皮库（J. Steven Picou, 2009）认为，卡特里娜飓风结合了自然力量和技术故障，对社会造成了长期的致命影响，是"新技术"

灾害的典型。海湾沿岸自然力量的释放已几乎是再糟糕不过的景象，但更严重的是，从巴吞鲁日到新奥尔良的密西西比河段被人们称为"癌症通道"，因为该地区是大型工业基地，并且有着严重的化学品泄漏记录（Centers for Disease Control，2002）。在卡特里娜飓风之前，该地区经历了全国最大的石油泄漏事件之一，当时有超过 100 万加仑（约合 455 万升）的石油从墨菲炼油厂泄漏。在卡特里娜飓风袭击后，该地区要处理的泄漏量是前者的八倍，"造成了美国历史上最大规模的污染事件"（Picou，2009:44）。居民面对的是大自然的愤怒和一份长期有毒的遗产，包括露天焚烧飓风所留下的残骸造成的空气污染，水淹建筑物的霉菌孢子，杀虫剂和焚烧造成的沉积物污染，以及储罐破裂和受损车辆造成的砷、柴油和苯并（a）芘等工业污染物。这种情况造成的精神和身体伤害将持续几十年。

社会转型

　　社会学界对灾害感兴趣的第四个原因是，灾害从新的角度展示了人性。这对那些负责了解和改善人类状况的人来说很重要。丽贝卡·索尔尼特（Rebecca Solnit，2005:32）说，社会结构的灾害性断裂产生了两种可能性：第一种是衰弱的创伤性体验，第二种——特别是对那些处于灾害边缘的人来说——是以不同方式做事的潜力。在这种情况下，就有机会重新思考政治问题。

　　灾害本质上是一种社会现象。这种经验已被广泛分享。集体逆境创造了社会团结。在这种情况下，占有式个人主义和政治被动主义往往是首批受害者。由于目前的权力结构远没有通常想象的那么强大，因此积极性得到进一步鼓励。人们认识到官方援助很少会及时、足量地出现在正确的地点，因此，民间团体得到了迅猛发展。一种特殊的社会能量出现了（我们在结论中讨论灾害和社区时将再次讨论这一点）。提供各种类型的援助为生命赋予了新的定义，生命存在的理由即为他人服务。当灾害发生时，勇挑重担的通常是那些最先做出响应的人，即我们的同胞（Clarke in Perrow，2007:4；Tierney，2003）。

索尔尼特（2005:31）根据1965年和2003年纽约停电以及1989年洛马普瑞塔地震的第一手资料写道：这些事件"是日常生活的奇妙停止，人们相互帮助，享受着被改变的空间和经历"。事实上，灾害研究者们早就观察到了社会中最反常的现象之一——灾害中的快乐。索尔尼特（2005:36）发现米哈伊尔·巴赫金（Mikhail Bakhtin）对嘉年华的定义同样适用于灾害。在灾害中，同样的现象已经呈现："嘉年华庆祝的是从普遍真理和既定秩序中获得暂时的解放，它标志着所有等级、特权、规范和禁令的暂停。嘉年华是真正的时间盛宴，是正在变成、改变和更新的盛宴。它敌视一切不朽和完成的东西。可以说，人们为了新的、纯粹的人际关系而重生。"

1985年9月19日的墨西哥城地震就是一个例子，它说明等级制度被摒弃，"纯人际关系"重新受到关注。地震造成大墨西哥城地区1万多人死亡，并造成了巨大的财产损失。哈利·克利夫（Harry Cleaver，1988）把重点放在一个特殊的社区特比托（Tepito）上，说明城市贫民是如何"利用"地震来维护自己的尊严，迫使当局执行民主的重建计划，并收获一些积极的公共卫生成果的。这些典型的被边缘化的群体能够取得这样的成果，取决于两点：地震造成的国家权力的断裂和从未间断的集体斗争。政府主要部委，如金融和通讯部，所在的多层建筑的倒塌影响了国家开展业务。此外，他们的高级办公室有形的倒塌抹去了可见的国家权力的象征。权力已经彻头彻尾地崩溃。

相比之下，特比托社区则保持全面运作。大多数居民从事地下经济，工作时间远远少于墨西哥的平均水平，他们宁愿把空闲时间用于休闲和社区福利等集体活动。居民享受了几十年的租金管制。他们突然担心无良房东以城市重建为幌子而使租金暴涨。为了应对这种情况，特比托人主动出击，在被破坏的房屋外面直接搭建了临时庇护所，以便对其进行保护。社区建立了救济方案，以帮助那些需要帮助的人，并保护居民免受外部威胁，包括来自政府的威胁。地震发生一周后，他们已经与其他 150 多个社区和组织建立了网络，并成立了一个协会，通过这个协会进行沟通、援助和资源共享。这个网络后来要求公平地分享救灾的重建资金，并往往绕过政府部门直接与相关援助机构谈判；要求征用受损建筑：政府应该将这些建筑廉价出售给居民，或者允许居民进行自建维修。虽然自建房的要求没有得到官方的认可，但他们不仅自建了房屋，还成功地向政府施压，令其允许合法建造 5000 个厕所，从而缓解了城市贫民长期以来的卫生问题。

克利夫和索尔尼特表示，灾害可以是一个社区的决定性时刻。对整个国家来说，也是如此。1927 年的密西西比大洪水从伊利诺伊州一直漫延到墨西哥湾。一百万人因此流离失所，成千上万人丧生。虽然这场灾害已从集体回忆中被抹去〔约翰·M. 巴里（John M. Barry）称它为"被遗忘的洪水"]，但在卡特里娜飓风之前，它却是美国最大的"自然"灾害；虽然现在可能很少有人知道它，但它对美国公众生活产生了长久的影响。谁来控制河流和谁来支付费用的政治决策问题使洪水灾害更加恶化。密西西比河委员会（MRC）负责控制洪水。但它很快就被对河流行使最终权力的工程兵团所控制。工程兵团选择了围堵治河的策略，即只筑河堤，不设泄洪区、没有截流或水库。防洪堤加深了航道，改善了州际贸易，在财政上履行了联邦的责任。因此，这一战略得到了众议员、参议员、州长和商人的支持。但这种围堵治河政策的后果是不言而喻的。河水越积越高，大浪不断涌起，于是河堤越筑越高。最终，在20世纪20年代，密西西比河委员会关闭了天然出口。当河水从赛普拉斯溪（Cypress Creek）被封锁时，工程师詹姆斯·肯珀（James Kemper）估计，密西西比河的水量每秒增加30万立方英尺（约合8495立方米），水位高度增加6英尺（约合1.83米）（Barry，1997:160）。大规模的洪水暴发只是时间问题。

当洪水到来时，南方的政治格局也随之发生了不可逆转的改变，并进而改变了整个国家的政治格局。首先，它改变了人们对联邦政府作用的看法。灾害过后，人们普遍呼吁政府在国家事务中发挥更大的作用。（在此之前，联邦政府没有参与救灾。）从此，联邦政府也将承担起治理密西西比河的责任。这就需要重新立法，这是有史以来影响最深远、代价最大的立法之一。

除了加强政府的作用和职责外，洪水还冲垮了南方黑人和白人贵族之间所谓的坚不可摧的关系。罗伯特·布拉德（Robert Bullard，2008:759）将针对洪水的救灾行动称为环境种族主义的教科书案例。白人被疏散到安全的地方，而黑人则被强行集中到施工地，以修复堤坝。白人对黑人的暴力事件很普遍，而且似乎经常得到地方当局的认可。在格林维尔附近，数千名黑人在枪口的胁迫下成为防洪堤上的人肉盾牌。南方的社会结构是由复杂的种族和阶级生态构成的，这种生态在洪水中发生了改变。这反过来又促使更多黑人向北部迁移。正如巴里（Barry，1997:422）所说，洪水"渗透到国家核心，冲刷过表面，揭示出国家特征"。

第三章

事故、灾害与启示

如果说我们从里斯本大地震中得到了什么教训的话，那就是，世界不是为我们的利益而创造的。灾害仍然是我们关注的焦点。

前一章讨论的问题是：社会学家为什么要研究灾害？两个相关的原因浮出水面：有助于社会学研究的发展且有助于我们对社会现实的理解。我们探讨了灾害是如何揭开其面纱的。这一章，我们将对灾害及其启示进行延伸思考。灾害和启示是文学作品中最常见的主题之一，也是本书的核心。如前所述，灾害研究不仅让我们回归社会学研究的核心，也将我们带回社会科学的起源。

论地震及其启发

长期以来，持不同观点的思想家一直认为，真理只有在决裂的时刻才会显现（Foucault，1977:146；Virilio，1999:89；Baudrillard，2005a:16；Žižek，2008b:144）。保罗·爱森斯坦（Paul Eisenstein）和托德·麦高恩（Todd McGowan，2012:4）甚至提出：决裂就是一种彻底的分裂，是最广泛意义上的革命性变化。它容许不同思考方式的存在（在前一章索尔尼特和克利夫已提及）。这就使得曾经的天方夜谭浮出水面。因此，决裂也是许多哲学思想的起源。这些存在主义的转变创造了新的价值观、分类体系和权力分配。爱森斯坦和麦高恩引用了大量的例子，用来说明世界观和生活经验方面的基本哲学转变：我们曾认为地球是宇宙的中心，而现在我们认为宇宙没有中心；我们曾认为生活在地球上的人类有着自然的社会等级秩序，而现在我们认为所有人可能都是平等的。但最关键的决裂却是语言的出现和资本主义的生产方式。那是本书结尾终极决裂被揭示时的一场自然灾害，即自然与自身的决裂。

爱森斯坦和麦高恩调查的范围很广：从柏拉图（Plato）和亚里士多德（Aristotle）到阿甘本（Agamben）和齐泽克。其中，让－雅克·卢梭（Jean-Jacques Rousseau）作为伊曼纽尔·康德（Immanuel Kant）的脚注短暂出现在我们的视线中。但当我们把讨论转回到灾害研究时，他便站到了舞台的中央。

可以说，现代性和通过适当的人文科学来理解它的企图，都源自灾害。1755年，里斯本发生地震。欧洲人对地震并不陌生，但对许多人来说，他们只知道地震曾发生在其他地方。而这次地震发生在现代世界的边缘。葡萄牙是世界强国，里斯本是它最富有的城市，也是重要的欧洲中心城市。这次地震动摇了它的根基。当时，一个现代民族国家正开始形成，有关国家角色和责任的新思想正在不断发展。知识和经济也正在发生结构性变化。自然科学正在兴起，它们的世界观建立在一个可知的宇宙之上。物质世界的运转也得到了上帝视角之外的科学解释。人们抛弃了奇迹，取而代之的是自然的日常运作。资产阶级经济新秩序也在满怀信心地增长。它提倡一种合理化的奖励制度，以才能取代继承的特权。这两种观点，不论是经济的视角还是科学的视角，都激励着人们相信并致力于构建透明的秩序，创造出一个明智的世界。

里斯本还引出了另外一些启发："现代性的诞生本身就源于一种渴望：渴望这个世界是安全的，没有喜，也没有忧。"（Bauman in Bauman and Gałecki，2005）尽管我们仍在期待一个没有恐惧的世界，但不可否认的是，在里斯本地震中，国家第一次担负起了灾害响应和灾后重建的责任（Dynes，2003）。玛丽-埃莱娜·于埃（Marie-Hélène Huet，2012:6）认为，启蒙运动思想给我们留下了一种非常特殊的恐惧：对桀骜不驯的本性的恐惧和对其进行控制的欲望（关于这是如何发生的，见第五章）。

当这场地震突然袭击欧洲的心脏地带时，启蒙运动正在就社会未来轨迹展开辩论。当时的辩论正围绕着进步与传统、理性与宗教、自由与权威等主题展开。在每一个主题的辩论中，地震都使天平偏向了前者。伏尔泰（Voltaire）、卢梭和康德都曾参与辩论。例如，康德声称地震的发生是源于自然的而非超自然的原因。如果说我们从里斯本大地震中得到了什么教训的话，那就是，世界不是为我们的利益而创造的（Neiman，2004:245）。灾害仍然是我们关注的焦点。"我们透过灾害来思考文化，或隐或显，灾害都是哲学探究的中介，它塑造了我们的创造性想象力。"（Huet，2012:2，原文强调）

据说，最先受到里斯本大地震冲击的就是西方文化从根本上乐观的世界观，但这绝不是其唯一的后果。地震之后发生的海啸和大规模火灾所导致的死亡人数估计从 1 万到 10 万不等（Pereira，2006:5）。这也让邪恶的问题凸显出来。人们第一次对自然之恶和道德之恶进行了区分。从此以后，自然灾害将失去其道德意义，不会再被视为天谴或天象。上帝将被排除在日常事务之外（Neiman，2004:39&249）。

卢梭在 1756 年 8 月 18 日写给伏尔泰的信中，回应了伏尔泰关于里斯本灾害的诗。这样做的初衷在一定程度上源于伏尔泰对乐观主义的抨击。卢梭认为，人类的不幸往往是自己亲手造成的，因此，很多未来的灾害是可以避免的。在信中，他把思想转向了我们现在所理解的灾害的社会构建。卢梭关注的是人的失败，而不是天意的失败。这种做法"至关重要"，因为它标志着"人类对自己的历史承担责任"（Mercier-Faivre and Thomas quoted in Huet，2012:6。）卢梭还提出了受害者学的概念，即灾害发生时，谁重要，谁不重要。卢梭从居住模式、建筑实践和疏散惯例等方面确定了造成灾害的人为原因。所有这些都导致了可怕的高伤亡率。我们不能把人口密度或多层住宅归咎于大自然，更不能把灾害响应归咎于大自然。卢梭认为，关键的问题是要在濒临危险时进行撤离，而不是待在原地保护财产。卢梭将人的罪责置于天意之上，因此他很可能是第一个试图将脆弱性概念化的人（Dynes，2000:99）。他的工作标志着社会科学的开端。里斯本地震开创了一个新的世界，或者至少是一种新的解读世界的方式。

决裂、技术和残骸

事故和灾害揭示了什么？保罗·维利里奥称事故是"一个亵渎神明的奇迹"（Lotringer and Virilio，2005:63）。他如此说，实际上是指出了意外和启示之间的联系。这种联系最早出现在近代早期。像弗朗西斯·培根（Francis Bacon）这样的自然哲学家发现了意外和实验之间的相似之处。两者都涉及一系列不同寻常的情况，这些情况打破了事物的惯常顺序。每一种情况，都开辟了新的观察方法的可能性，进而生发新知的潜力（Witmore，2001:3）。

在维利里奥看来，事故揭示了技术的实质，即进步的阴暗面。探索会招致灾难，每一项技术都会带来某种事故。有轮船才会有海难，有铁路才会有碰撞和脱轨。布鲁诺·拉图尔（Bruno Latour，2005:81）同意这一观点。突如其来的技术事故为以往被忽略的事物完全暴露出来提供了一个难得的机会。顽固地阻止某个物体自动运行（通常是无形地）会给我们提供机会，让我们去思考它实际上可能会带来什么后果。拉图尔以"哥伦比亚"号航天飞机失事为例说明了这一点。某一刻，我们目睹了有史以来最复杂的技术组合，将150万个工作部件组合在一起。而下一刻，我们却只看到了航天飞机解体坠毁散落的碎片。因此，这里需要强调的是：我们缺乏故障防御技术。威廉·弗罗伊登伯格（William Freudenburg）对调查"埃克森·瓦尔迪兹"号油轮漏油事故的人员说：

> 这不是利比里亚的锈铁桶，它是最大、最新、装备最好的油轮，属于当时最大的公司之一。它径直撞上了一块已在航海图上存在了两百多年的岩石……岩石上，灯塔还闪着红光。如果你问我这种情况发生的概率有多大，我想我怎么都找不出这么低的数字。（Quoted in Devitt, 2003）

这些事故也让我们看到了技术以外的东西。社会焦虑也可以投射到事故身上。从这个意义上说，事故和灾难并没有揭示技术的实质，而是揭示了社会的症状。症状是一个精神分析术语，有两个基本含义。在西格蒙德·弗洛伊德（奥地利精神分析学派创始人）的著作和雅克·拉康的早期著作中，症状扮演着一种象征性的作用，"作为一种密码，一种编码信息，发送给大他者（一个与自我相对的存在，是一个与主体既有区别又有联系的参照），后来被赋予真正的意义"（Žižek，

1989:73）。症状与事故和灾难有明显的相似之处，因为它们都是在世界的某一方面出现故障时产生的。从这种意义上说，认清症状可以预防症状，解释症状则可以根除症状。

在后期的著作中，拉康提出了一个与之相对的定义——症状是构成主体的一种符号形式（Žižek，2001:155）。在斯拉沃热·齐泽克的著作中，这一概念扩展到了整个社会。这里的症状反映了我们这个时代（被压抑）的真相。识别这些类型的症状不会导致它们的消解或消失，因为我们现在面对的是决定社会现实的"岩石"。我们以"泰坦尼克"号的沉没为例来阐述这一观点。

虽然"泰坦尼克"号直到1912年4月14日才失事，但通俗小说早已预见了这场灾难（可以说，今天的许多灾难题材电影都做了同样的事情；我们可以参考"9·11"的众多电影和电视"前传"：《高耸的地狱》《孤独的枪手》《围城》《独立日》）。1898年，摩根·罗伯逊（美国航海小说家）写了一个关于一艘最先进的跨大西洋邮轮的故事，这是人类有史以来建造的最大邮轮，却在首航时被冰山击沉。罗伯逊笔下的邮轮技术参数与白星轮船公司令人骄傲的"泰坦尼克"号惊人地相似，甚至连名字也极为相似："泰坦"号。"泰坦尼克"号失事后，环球影业创始人朱尔斯·布鲁拉图尔迅速制作了"第一部以'泰坦尼克'号事故为原型的剥削电影[1]"（Wilson quoted in Laqueur，2013:3）。灾难发生后不到五周，这部剥削电影就上映了。与对象征性秩序造成的破坏相比，物质上的灾难是微不足道的；"泰坦尼克"号的沉没象征着西方文明的毁灭。讽刺报纸《洋葱报》在沉船百年纪念时以"世界上最大的隐喻撞上冰山"为题，对此进行了抨击，署名"死于象征性悲剧的 1500 人"。

从工业角度看，"泰坦尼克"号是一个胜利，一个工程上的奇迹；在华丽的装饰下，它是一件艺术品。在风格上，托马斯·拉奎尔（Thomas Laqueur）把它置于埃及法老和波旁君主的风格之间。当然，它比金字塔或宫殿大很多。它是地球上最大的人造物体，也是"一个世纪进步的最高荣耀"（Laqueur，2013:6）。但并不是所有人都对它怀有敬畏之心。小说家约瑟夫·康拉德（Joseph Conrad）曾在法国和英国商船上度过一段时间。他指出，一艘 45000 吨的薄钢板船"完美地展示了现代人对材料和器械的盲目信任"（Quoted in Laqueur，2013:6）。关于信任，我们会在下一章展开更多讨论。

这艘船的沉没暴露了坚实的材料和抽象的进步观念的弱点。它似乎预示着灾难的发生。拉奎尔认为，"泰坦尼克"号对于当今时代的意义就如同里斯本地震对于启蒙运动的意义，是一个划时代变化的标志。随着新世纪的到来，旧时代结束了。整个欧洲社会沉浸在千禧年的紧

---

[1]　剥削电影（Exploitation Film），一种以促销为目的的电影类型。"剥削"本是经济学名词，该词用于电影行业，表示通过以特定敏感题材进行促销和大量植入广告等手段"剥削"观众，从而达到盈利目的。——编者注

张气氛之中。各种民族主义、激进的反犹太主义、有组织的劳工运动和战云密布的局势取代了和平与稳定。齐泽克（1989:70）写道："如果说在世纪之交有一种现象象征着这个时代的终结，那就是伟大的跨大西洋邮轮。"

　　漂浮的宫殿，是技术进步的奇迹，是极度复杂而又运转良好的机器，同时也是社会名流的聚集地。它是当时社会结构的缩影，是社会的象征，但它反映的不是真实的社会状况，而是社会希望呈现出来的讨人喜爱的样子：一个稳定的整体，具有明确的阶级区分，等等。简言之，是社会的自我理想。

　　曾经的黄金时代已逝去，但沉船事故带给我们的震惊还在持续。詹姆斯·卡梅隆（1997）的电影《泰坦尼克号》取得了前所未有的票房成功。灾难发生前，这艘船可能体现了一个理想化的社会，但灾难发生后，它向我们展示了真实的社会。雅克·阿塔利（Jacques Attali）这样解释道："'泰坦尼克'号暴露了我们以胜利者自居的、自鸣得意的、盲目虚伪的社会，是对穷人毫不留情的社会——在这个社会里，除了预测的手段之外，一切都是可以预测的。"他继续补充说，"我们都猜测，有一座冰山在等待着我们，它隐藏在迷雾般未来的某个地方，我们会撞上它，然后销声匿迹。"（Quoted in Bauman，2006:12）对阿塔利来说，等待我们的是金融冰山、核冰山、生态冰山和社会冰山。

社会也可以从现代的沉船事件中看到自己。托马斯·琼斯（Thomas Jones，2012:25）指出，意大利"科斯塔·康科迪亚"号事故一发生，就或多或少具有了象征意义。人们将这次事故的解读视为对总理西尔维奥·贝卢斯科尼（Silvio Berlusconi）领导能力的评论［人们批评意大利总理西尔维奥·贝卢斯科尼和船长弗朗西斯科·斯凯蒂诺（Francesco Schettino）沉溺于聚会和狂欢，而忽视了他们本应承担的职责］。意大利摇摇欲坠的经济因巨额债务而陷入困境，新总理马里奥·蒙蒂（Martio Monti）的权力受到更高权力的限制。2012 年 1 月 13 日，该船在吉利奥岛（Isola del Giglio）海岸搁浅后，船长斯凯蒂诺声称，他从未想过要航行到离吉利奥那么近的地方，但他必须听从上面那些人的命令。蒙蒂被视为同样受到欧盟、国际货币基金组织和债券市场的制约。事实上，"科斯塔·康科迪亚"号被视为意大利政治的结晶：一艘靠贝卢斯科尼向他的亲信支付的补贴廉价建造的简陋船只。《伦敦书评》披露，与之相比，发生在"伊丽莎白女王"二号上的类似事故并没有造成如此严重的灾难。不过话说回来，这艘船造得更好，没有偷工减料。事实上，仅维修"伊丽莎白女王"二号的 74 英尺（约合 23 米）裂口，向巴拉姆沃斯造船厂所支付的修理费就相当于"科斯塔·康科迪亚"号船体的全部建造费用。"伊丽莎白女王"二号触礁受损后能继续航行，而"科斯塔·康科迪亚"号的"锡箔薄壳像沙丁鱼罐头盒一样裂开，所幸事故发生地点邻近吉利奥岛，才避免了'泰坦尼克'号悲剧的重演"（Seitz，2012:4）。

约翰·胡珀（John Hooper，2012）调查了意大利媒体对"科斯塔·康科迪亚"号事件诸多含义的解读。船长斯凯蒂诺在乘客被疏散之前就弃船而去，坚韧的港务局局长德法尔科（Gregorio de Falco）坚持让他返回。在这两人之间的交流记录中，评论家阿尔多·格拉索（Aldo Grasso）看到了"意大利的两个灵魂"。在《新闻报》（*La Stampa*）上，马西莫·格拉梅利尼（Massimo Gramellini）认为沉船象征着国家的漂泊不定。而卡特丽娜·苏菲（Caterina Soffici）在意大利媒体《每日事实报》（*Il Fatto Quotidiano*）的博客上说，刚刚摆脱了贝卢斯科尼（意大利前总理）"香艳派对"的尴尬，他们现在又不得不面对另一个国家耻辱。这个国家的信誉再次受到质疑。在《每日事实报》博客上，加蒂（Gatti）说这将证实意大利人懦夫的印象，在形势艰难的时候，他们会逃之夭夭。从而，"科斯塔·康科迪亚"号的命运与民族性格、国内政治、经济表现和国际关系息息相关。胡珀（2012）想知道沉船是否能承受住所有意义的重压。正如最初的讨论迅速从船的状态转向国家之船一样，成功的打捞行动也被解读为民族自豪感的恢复。总理恩里科·莱塔（Enrico Letta）公开感谢民防局的弗朗科·加布里埃尔利（Franco Gabrielli）赢回了国家的公共形象（Associated Press，2013）。

"科斯塔·康科迪亚"号游轮触礁搁浅被视为"安德烈亚·多里亚"号事件的重演。"安德烈亚·多里亚"号是战后建造的游轮，也是民族自豪感的象征。正如阿马迪奥·博尔迪加（Amadeo Bordiga，1956）在书中所写，全球争相建造更大更快的船只，实际上只是一场逼近更大灾难的竞赛。就"安德烈亚·多里亚"号而言，我们大部分注意力都集中在它的吃水线以上，这是一场浮于水面之上的华丽展览：甲板、游泳池、大厅和娱乐区。比起工程学，这应该说是建筑学的胜利，这艘船上层建筑很多，但基础不足（作为一名工程师，博尔迪加在这方面颇有洞察力）。尽管这艘意大利游轮的外表奢华，但它的建造却很拙劣。它由国家订购，由国家生产。劳动力和材料成本比较高。它本可以在荷兰或德国生产，这样的话成本会低得多。但政治赢得了胜利，游轮最终还是在本国生产。参与建造的公司都是国有企业，再加上意大利钢铁价格昂贵，只得将其使用量控制在最低限度。"安德烈亚·多里亚"号在南塔克特岛海岸与"斯德哥尔摩"号相撞，造成 52 人死亡。这艘船显然脆弱无比（船体破裂），而且还有其他安全方面的故障（为什么多个气密容器突然泄露、其他设备失灵？）。

格拉索提出，沉船是"所有文学作品中的原型之一，因为它说明了人类在生命旅程中的生存风险"（Quoted in Hooper，2012）。但是，如果像拉奎尔（2013:6）所说的那样，"每个时代都会遭受它应有的灾难"，那么，一场象征我们这个时代的灾难就需要技术升级。对于齐泽克（2002:15）来说，2001 年 9 月 11 日的恐怖袭击抓住了时代精神。他在《欢迎来到实在界这个大荒漠》（*Welcome to the Desert of the Real*）一书中说，双子塔遭袭对 21 世纪西方文明的影响，就好比"泰坦尼克"号的沉没对 20 世纪文明的影响。

"泰坦尼克"号沉没和双子塔遭袭都是具有决定性的事件。在这两种情况下，理性思维无法触及的事情却在现实中发生了，不可能的事情变成了可能。在前一事件中，工业资本主义的象征——大运量客运技术——被冰山撞毁。在后一种情况下，金融资本主义的象征被另一种大运量客运技术——客机——所破坏。尽管伤亡惨重，但评论家们仍然认为，"9·11"事件主要是一次象征性的袭击。如果恐怖分子想要最大限度地破坏物质，他们本可以把目标对准南面的印第安角核反应堆或美国其他一百多个核设施中的任何一个（Winner，2004:157）。"9·11"袭击在日常生活中是难以想象的，只存在于幻想当中。在这里，我们需要特别说明一下它所传递的信号。对于齐泽克来说，幻想框定了现实，它先于事件发生，并帮助我们去经历这些事件。如"9·11"事件，媒体上满是对恐怖袭击的警告，人们已经为自身进行了"本能的投资"。这要感谢好莱坞，它用一系列灾难电影为观众做了准备（Žižek，2002:15）。毕竟，这就是灾难片的功能，它"映射出日益加剧的社会焦虑和步步逼近的政治威胁"（Soron，2007）。

灾害实践：作为方法论的事故与灾害

　　由于事故和灾害暴露了平时被掩藏的事物，哈维·莫洛奇（1970:143）主张将其作为方法论。它们为我们提供了一扇窗口，让我们了解了那些通常不为我们所知的强权者的运作方式。他的案例研究涉及加利福尼亚海岸的一次意外漏油事件。1969 年 1 月，当原油从 A 平台泄漏到圣巴巴拉海峡时，烦恼的当地人本应同标准石油公司进行强有力的抗争。圣巴巴拉人杰地灵，拥有丰富的文化和金融资本。这个地方钟灵毓秀，人们团结一心。然而事实证明，面对石油大亨，这些资源微不足道。莫洛奇（1970:131）得出结论，从这个平台上渗出的不仅是石油，随之流露出来的还有"美国权力的一点真相"。

　　石油泄漏事件发生后，美国内政部、美国地质调查局、美国海军，甚至总统本人，以及其他主要相关人员，都与企业权力结盟，为"煽动偏见"（Molotch，1970:138）提供了教科书式的案例。正如莫洛奇所指出的那样，石油业自身提供数据供联邦机构监管，它为大学提供资金，让学者们对其进行研究。因此，尽管当地人极为愤怒，但美国内政部却拒绝停止钻探。美国地质调查局接受了联合石油公司对事故的解释，也接受了他们对于石油泄漏规模的评估，尽管当时专家给出的评估数字要高出 10 倍。野生动物的死亡被系统性地低估了，只有那些被送到官方鸟类清理设施中的死鸟才符合条件（莫洛奇指出，对死鸟和垂死的鸟类处理效率极低）。同样，加州大学圣巴巴拉分校的海洋生物学家观察发现，大量海狮幼崽正面临死亡。当地自然历史博物馆的工作人员也证实了这一点。这种结果令人担忧，但美国海军却对此提出异议。管理海峡群岛的海军认为幼崽没有死，只是睡着了。最终，当时世界上最有权势的人理查德·尼克松总统乘坐直升机，亲自来查看问题到底出在哪里。结果自然是总统发现不了任何问题，因为他所到达的那片海滩，原油已被专门清理干净，抗议者也早已被特勤局驱散。

更多总统的例子浮现在脑海中，包括小布什在卡特里娜飓风灾难中的表现，以及奥巴马在深水地平线钻井平台漏油事故和其他灾难面前的表现。面对因应对卡特里娜飓风失败而受到的激烈批评，美国总统乔治·布什在飓风袭击两周后访问了新奥尔良。9 月 12 日晚，他在杰克逊广场向美国公众发表讲话。当时整个地区都沐浴在灯光下。当地律师约瑟夫·布鲁诺（Joseph Bruno）告诉纪录片制作人斯派克·李，他认为现在电力已经恢复（社会秩序也开始慢慢恢复）。但供电随着总统的离开而中断。当被问及为什么又断电了的时候，布鲁诺回答说："他们需要为总统创造一个媒体场景。他们想让总统看到这座城市又恢复了。"（Quoted in Lee，2006；关于布什的演讲及其解读，更多内容参考 Benoit and Henson，2009）

2010 年 4 月 20 日发生的深水地平线钻井平台漏油事故再次为莫洛奇的观点提供了新证据，也再次见证了偏见的煽动。首先，美国总统巴拉克·奥巴马试图将责任转移到大西洋彼岸，他一再将英国石油公司称为"英国石油"。但英国石油公司为五角大楼提供了三分之一的石油，美国人持有其 40% 的股份（Nixon，2011:270—271）。此外，宽松的监管环境为这种史无前例的冒险行为提供了空间。政府对美国矿产管理局的两项调查揭示了其中的利益冲突，这里可能存在贿赂或是石油公司自我包庇的情况。一位前石油经纪商、现任业内记者，他与许多内部人士有过接触。他认为，行业制定的指导方针无法执行，取而代之的是企业的自我监管（Bergin，2012:136&193）。与此同时，英国石油公司的首席执行官托尼·海沃德（Tony Hayward）试图将责任推到钻井平台的运营商瑞士越洋钻探公司身上。这家公司的确是个好靶子，拥有业界最差的安全记录之一。他们拥有的钻井平台不到海湾地区的一半，出现的安全问题却占了总数的四分之三（Johnson，2011:viii）。托尼·海沃德说："这不是我们造成的事故。这不是我们的钻机，不是我们的设备，也不是我们的人员、系统或流程。"（Quoted in Bergin，2012:162）而英国石油公司的人除了在钻井平台上发号施令外，也早已指定了海沃德拒绝承认的一切。

　　与此同时，政府机构也在竭力"洗白"漏油事件。早些时候，英国石油公司公布的漏油量为每天 1000 桶，这是一个相当保守的数字。一位政府科学家计算出的漏油量为每天 5000—10000 桶，但美国海岸警卫队选择了较低的估值，即"最多 5000 桶"。许多科学家给出的数字要比海岸警卫队的估值高很多，但是海岸警卫队依旧固执己见（Bergin，2012:220）。海岸警卫队还参与了使用一种化学分散剂，即 Corexit，在夜间分解浮油的行动。夜间使用化学品分解浮油背后的想法是将其从公众和媒体的视野中移开。随后，8 月 4 日，美国国家海洋和大气管理局（NOAA）报告称，四分之三的溢油已得到有效处理——这一结果受到海湾居民和大学独立研究人员的强烈质疑（McClintock，2010）。美国国家海洋和大气管理局只能尴尬地做出让步，公开承认他们的报告没有经过同行评议，不符合可接受的科学标准。毒理学及环境健康中心（CTEH）同样在清理工作中发挥了核心作用，并向环境保护局（EPA）提供统计数据，以帮助其监督英国石油公司。可人们很快发现，毒理学及环境健康中心靠英国石油公司的出资运营。这本应是一种外部监督——它已经被隐晦地解释为一种外部监督——而事实证明这不过是企业自我监管的又一实例（McClintock，2010）。

　　也有报道称，英国石油公司试图煽动偏见，引导舆论。它最初否认石油泄漏，扣留了本可实时显示泄漏规模的水下视频资料，还试图阻挠政府组建的流量技术小组，拒绝提供数据，阻止其进行测量。英国石油公司还大肆夸大自己在漏油阻截方面所做的努力，向公众提供经过后期处理的图像，这些图像展示了超乎现实的活力和控制力水平（Edelstein，2011:29&37&42）。它甚至从谷歌等主要搜索引擎上购买了"石油泄漏"等搜索词，以便将查询引向自己的网站（Bergin，2012:186）。可以说，最大的舆论引导来自国家和企业的暗示。两者都认为原油泄漏最终是可以控制和清理的。而实际上，这种应急计划和灾难响应评估是错误的，正如李·克拉克（Lee Clarke，1990:67）在谈到油轮事故时所指出的那样，"石油从未被成功控制……也从未有任何恢复行动取得成功"。

泄漏的原油并没有被清理干净，它们只是被分散了。而化学分散剂的毒性往往比石油本身更强（Whitield，2003）。因此，在深水地平线灾难发生三年后，科学研究人员观察到原油泄漏影响到了整个生态系统，影响的物种从顶级掠食者宽吻海豚到食物链底端的轮虫。与灾害研究中流行的人类中心主义相反，这是一个有益的提示：并非所有的受害者都是人类。海湾海洋物种将呈现死亡、疾病、营养不良和基因缺陷比率显著增加的新常态。受影响的洄游物种还可能成为"无法控制的污染载体，将灾难传播到其他物种、环境和行动背景"（Rodríguez-Giralt，Tirado and Tironi，2014:49）。令人忧心的是：海湾报告的作者指出，其他原油泄漏事件破坏的真实程度都会在多年后才显露出来。即使乐观地估计，任何恢复性一类的工作都需要数十年的时间才能完成（Inkley，Kronenthal and McCormick，2013）。

在这里，安德鲁·巴里（Andrew Barry，2002）对事故和灾难的解读与福柯式的论证也有关系。他指的是那些揭露问题并成为争论焦点的公共事件。当这类事件发生时，强权人士可能会参与到巴里所说的"反政治"活动中。这些活动旨在框定并遏制随后发生的争端和辩论。我们已经看到这样的行为：否认罪行、推卸责任、试图淡化问题的严重性、虚假地宣称问题已经得到解决，以及试图限制辩论的内容（这与第二章中谈到的卢克斯关于权力运作的观点一致）。这些伎俩最终会限制政治行动的范围。一种话语战略是将此类灾难视为意外事故而非灾难。

事故的话语效应是显而易见的。强权者可能会借用话语使其免遭谴责，并为他们开脱责任。奥巴马总统 2010 年 6 月 15 日在总统办公室向公众发表的讲话就是一个很好的例证：

晚上好。就在我们发言的时候，我们的国家正面临着许多挑战。在国内，我们的首要任务是从几乎影响到每个美国人生活的经济衰退中恢复和重建。在国外，我们勇敢的军人正在各地与基地组织作战。今晚，我从墨西哥湾沿岸回来，发生在那里的原油泄漏正威胁着我们的海岸和我们的公民，我想同你们谈谈我们正在进行的对抗原油泄漏的斗争。

大卫·布罗姆维奇（David Bromwich）注意到了这里的政治策略，金融灾难、军事灾难和生态灾难都被赋予了相同的本体论地位。它们都以不可预测和无法控制的意外事件的形式出现，没人愿意见到这些灾难，它们不受欢迎；没有人能担当得起它们留下的责任，也没有人应该为它们负责。"但是，"布罗姆维奇（2010:5）说，"战争是由切尼和布什造成的，崩溃……是由抵押贷款泡沫的暴利者和他们的贸易伙伴造成的，而原油泄漏是由一个不受监管的石油巨头公司的渎职造成的。"

这使我们想到林赛·麦格（Linsey McGoey，2012:2—3）的观点：我们这些社会科学家过度关注知识政治，而忽视了无知政治，"对模棱两可的运用、对令人不安的事实的否认、尽可能减少对灾难的了解往往是管理风险和在灾难性事件发生后免除责任最不可或缺的工具"。罗伯特·J.布鲁尔（Robert J. Brulle，2014）揭示了支撑这种舆论导向的大规模资源调配。他的研究关注了否认气候变化运动是如何做到影响人为全球变暖的"既定事实"（National Research Council，2011:22）的。美国国家海洋和大气管理局前任负责人［布莱恩·斯通（Brian Stone）转述］说："与人类加剧了温室效应的观点相比，只有牛顿的运动定律享有更广泛的科学共识"，但在公共领域，不确定性仍然占据主导地位。布鲁尔的分析显示，2003年至2010年间，近100个独立组织在美国投资近10亿美元，分布在游说团体、慈善基金会、政治游说、政治竞选捐款和行业协会等活动和机构中。

这些不同的团体和倡议只有一个目的：让公众对全球变暖的原因产生怀疑，以遏制针对限制化石燃料使用的立法行动。所有这些活动旨在使大能源合法化，并使气候科学非正当化（特别是在限制碳排放方面）。不可避免的是，它们共同的偏好倾向于松散的新自由主义政策框架，在这个框架中，工业进行自我监管，以便业务可以照常进行。（关于精英阶层在确定灾害参数方面的作用的相关思考，见 Karen Cerulo，2008。）

因此，总而言之，事故和灾难，无论大小，都为我们提供了一个机会，让我们质疑常规做法、政治和社会技术安排之间的联系，以及它们到底对谁有利。即使是微小的干扰也会暴露日常生活中的政治。正如弗兰克·特伦特曼（Frank Trentmann，2009）所说："停电、缺水或公共交通系统故障都会引发关于问责制（该怪谁）、权利和社会正义（谁应该得到什么）的问题，最深刻的是，有关'常态'（社会成员如何生活或应该如何生活）的问题。"刘易斯·海德（Lewis Hyde，1996:23）这样写道："无论是古代还是现代，人们一直认为，事故打破了我们生活的表象，揭示了掩藏的目的或筹划。"这一切还表明，在我们的社会秩序中，没有什么是内在的或固定不变的。这将我们带回到了上一章"社会转型"部分的观点。政治安排及其所赋予的特权是可以改变的。我们有其他选择。

第四章

新常态

就"挑战者"号而言，这一切都发生在一个无视行业安全规则和自身安全规则的组织内，该组织受到竞争激烈和资源匮乏等因素的影响，缺乏内部透明度和有意义的外部监管。

在本章和下一章，我们将评估人类经历过的灾难时期。从某些方面来看，这些历史时期空前糟糕。我们面临着一种新常态，在这种新常态下，原本不可能的事情正随处发生。我们的时代出现了突出的主题，它紧紧围绕着当代生活方式节奏的加快、复杂性的增加和相互联系的紧密性展开。在这里，自动交易是复杂系统内事故常态化的一个突出例子。本章我们将深入了解与当今事故有关的社会技术环境的变化：技术创新的步伐、日益增加的技术复杂性、互联世界中事故形式的变化、人机关系的日益密切和同步，以及新型威胁和可能导致的新型灾难（瞬时传输、全球扩散和共同经历的综合事件）。这类事件会导致权力和控制权的危机，以及由此带来的信任危机。而谁能真正理解我们现在居住的世界？

最糟糕的时刻

这一专题研究总是半途而废。我们生活在充满灾难的时代。最近的例子包括 2010 年 1 月 12 日袭击海地的地震。世界卫生组织（2013）的 EM-DAT 国际灾害数据库表明，这次灾难导致了西方最严重的地震事件伤亡：222570 人死亡，惨重程度居有记录以来的第二位。从占人口总数的比例来看，它是"袭击现代国家的最致命的灾难"（Tierney，2014:1）。在一次强烈的余震中，一支联合国维和人员特遣队不幸成为霍乱的传播者，导致了该疾病在当代最为严重的爆发（Weisbrot，2012）。2010 年 4 月 14 日，埃亚菲亚德拉火山（Eyjafjallajökull）喷发的火山灰云严重干扰了欧洲航班，107000 个航班被迫取消，1000 万名旅客的出行受到影响。这一数字几乎相当于全球航空运输总量的一半，成为有史以来代价最大的航空运输中断，也是自第二次世界大战以来最严重的一次（Bye，2011）。始于 2010 年 4 月 20 日马孔多井喷的深水地平线漏油事件导致 11 名钻井工人遇难，成为美国历史上最严重的海上原油泄漏事件。《现场协调员报告》（2011:33）估计有 490 万桶石油泄漏到墨西哥湾。2010 年 6 月，俄罗斯热浪造成 55736 人死亡，被世卫组织 EM-DAT（2013）认为是世界上造成人类伤亡最严重的极端天气事件。2011 年 3 月 11 日，东日本大地震发生，这是日本有史以来最大的一次地震（Reilly，2011），随后引发了或许是日本历史上最大的海啸，海啸袭击了东北海岸。到 2011 年底，日本估算此次灾难造成了高达 2 万人死亡。海啸虽然可能没有引发世界上最大的核灾难，但造成了有史以来代价最大的工业事故（Sundermann，Schleske and Hausmann，2013:5）。就经济损失而言，只有深水地平线钻井平台漏油事故可与之相提并论。

2011 年 8 月，泰国发生洪灾。这是有史以来经济损失最大的一次灾害。泰国 77 个府有 66 个受灾。仅经济损失估计就达 400 亿美元（WHO，2013）。2012 年 1 月 13 日，打捞搁浅的"科斯塔·康科迪亚"号的费用超过 10 亿欧元，成为世界上最昂贵的海上打捞作业（Alexander，2012）。2012 年 7 月 31 日，印度发生了世界上最严重的停电事故。断电蔓延到全国 28 个邦中的 20 个，5 个电网中的 3 个被切断，多达 6 亿人受到影响（Energy Data，2012）。2013 年 4 月 24 日，孟加拉国 8 层的拉纳广场大楼倒塌，这是有史以来最严重的工厂灾难，已知死亡人数超过 1100 人，另有超过两倍的人受伤（Burke，2013）。2013 年 11 月 10 日，历史上最强的台风之一"海燕"登陆菲律宾，导致 36 个省约 440 万人受灾。"海燕"（当地人称 Yolanda）导致的死亡人数估计高达 10000 人（Mogato and Ng，2013）。而灾难带来的伤痛远未消失。

事实上，伤害在不断增加。据世界银行估计，自 1970 年以来，有 330 万人死于自然灾害（Sanghi et al.，2010:10）。在过去 30 年里，我们目睹了比之前多三倍的天气灾害。在同一时期，遭受过洪水和热带气旋等极端天气事件影响的人数增加了一倍（Hillier and Castillo，2013:2&3）。根据保险统计数据，我们看到，自 1950 年以来，灾害的影响增加了 15或 16 倍，这在死亡人数、经济损失和流离失所的人口数量等方面都有所体现，而且"未来影响继续加大的趋势明显"（Alexander，2006:5）。

据联合国国际减灾战略署（UNISDR，2013a）估计，在 21 世纪，自然灾害的成本为 1.7 万亿美元。自然灾害影响了 29 亿人，造成 170 万人死亡。联合国国际减灾战略署（2013c）的《全球减少灾害风险评估报告》指出："在过去 30 年中，40 个中低收入国家的直接经济损失总额达 3050 亿美元"，与灾害相关的损失总额为 2.5 万亿美元（UNISDR，2013b:iv）。在随后的新闻公告中，联合国表示，经济损失现已"失控"，比专家预测值至少高出 50%。

2014 年 7 月的一份后续新闻公告指出，灾害造成的直接经济损失连续四年超过 1000 亿美元。联合国国际减灾战略署在发表这一声明时，敦促我们重新思考什么才是我们的常态。"千载难逢的台风现在每年都会发生一次。"（Velasquez quoted in Gearin，2013）世界气象组织的米歇尔·雅罗（Michel Jarraud）预测 2013 年将是有记录以来最热的十年之一。

"有趣的是，在过去十年中，我们所说的寒冷年份在十六七年前甚至都会被视为创纪录的温暖年份"（Quoted in Gearin，2013）。汤森路透基金会（Goering，2013）指出，由于极端天气事件增多，越来越多的国家将面临"永久性的紧急情况"。这就是我们的世界，原有的词汇已无法解释这个新的现实世界，我们需要在原来的名词前加上程度修饰语，或是寻找新的词汇，以便真实地描述我们的现状。如我们面临"巨大风险"（OECD，2003 年），受到"超对象"的威胁（Morton，2013）。我们考虑接受"特大灾害"（Darling and Schulze-Makuch，2012）和"特大危机"（Helsloo et al.，2012:5）。就连我们的风暴和台风看起来也是超级凶猛。

因此，我们发现一位世界顶级的灾难研究专家说过，"'巨大'灾害是美国的新常态"（Tierney，2014:238）。正如美国国家海洋和大气管理局负责气象服务的助理署长兼国家气象局局长海耶斯所说的那样，这个"新现实"的一部分"是极端天气事件的频率和灾损都在上升，使国家在经济上更加脆弱，并使更多人的生活和生计面临风险"（Quoted in Matthews，2011）。自然灾害只是灾害的一部分。查尔斯·佩罗在《下一场灾难》（*The Next Catastrophe*，2007:1）中指出："……近几十年来，在美国，来自工业和技术来源的'灾害'以及来自恐怖主义等蓄意来源的灾害都在增加，而且没有减少的迹象。"

谁在操控？

社会理论家认为，我们的时代处处充满风险，灾难不断威胁着我们。若说我们生活在风险社会，实际上就是说"我们生活在一个失控的世界"（Beck quoted in Yates，2003:96——我们将在下一章更深入地讨论这一点）。这些灾难的规模之大，造成的人力、经济和环境代价之沉重，令人震惊。而当局——政客、政府机构、监管者、行业机构、管理者，有时甚至是灾害专家——却告诉我们：这样的事情不会发生。这无疑使我们的处境更加窘迫。例如，有媒体报道称，2010年，仁川—济州"世越"号渡轮船长李俊锡在一个有线电视旅游节目中作过介绍。节目中引用他的话："对于乘坐我们仁川至济州渡轮的乘客来说……这将是一次安全和愉快的经历……如果您遵循我们船员的指示，它将比其他任何交通工具更安全。"（Klug，2014:B6）令人悲悯的是，"世越"号于2014年4

月 16 日发生沉船事故，超过 300 人死亡，且大多数受害者都是学龄儿童。

"世越"号的船长被指控拖延撤离和弃船。检方指控他是最先上岸的人之一。《纽约时报》的调查记者随后发表的一篇报道指出，船员们装备不足，难以传达安全指令，更谈不上指挥撤离了。而且，这艘船本身也缺乏安全航行条件。检察官还说，"世越"号运载的货物重量大约是其合法范围的两倍，安全性无法得到充分保障，而其压载水重 761 吨，这个重量低于最低要求的一半。由于在上层甲板上增加了额外的船舱和大理石镶板艺术馆，修改后的船舶变得头重脚轻。据悉，2013 年，该公司花在船员身上的安全培训费总共"高达" 2 美元。这是一个典型的开虚假证明的例子：一纸证书就能伪装安全合规。船员们抱怨说，他们几乎没有接受过培训，管理层没有进行过安全演习，他们并不真正清楚疏散程序。该船的翻修工、检查员和监管人员也饱受质疑，其中包括海岸警卫队和韩国航运协会，以及被指控为了个人利益而抽走数百万美元公司资金的渡轮船主（Sang-Hun, Fackler, Leigh Cowan and Sayare, 2014:12—13）。2014 年 11 月 11 日，该船船长被裁定犯有玩忽职守罪，并被判处 36 年监禁。其他所有船员也被定罪，他们的刑期从 5 年到 30 年不等（Park, 2014）。

然而，这绝非孤立事件。鲍曼（2011）写道，在我们的世界里，"没有人能掌控局面"，而"这正是当代恐惧的主要来源"。研究人员称之为"玩忽职守"的例子比比皆是。玩忽职守是指机构角色——专家和组织——未能负责任地履行其职责，未能达到预期的能力标准。其结果是信任的广泛丧失（Freudenburg，2001）。在媒体的信息轰炸之下，我们接触到大量关于爆炸、坍塌、搁浅、泄漏、熔毁和洪水的相关报道，以及那些从未预见这些事故的专家。例如，得克萨斯州的西部化肥公司向环保局保证，其经营活动不存在爆炸风险。然而，2013 年 4 月 18 日该公司的硝酸铵爆炸造成 15 人死亡，160 多人受伤，150 多座建筑物被毁或损坏（Mungin，2013）。美国地质调查局（2013）将其登记为 2.1 级地震事件。就在孟加拉国拉纳广场大楼倒塌前不久，拉纳广场工厂的经理们一再告诉焦虑的工人，大楼是安全的（Westhead，2013）。在"科斯塔·康科迪亚"号搁浅之前的数年里，游轮行业认为这类船只发生事故的可能性极低，甚至微不足道（International Maritime Organization，2008）。美国内政部矿产管理局似乎认为，深海泄漏的石油会安全漂走，因此，举例来说，它们"不太可能影响沿海鸟类"（Campbell quoted in Nixon，2011:21）。深水地平线钻井平台下是有史以来最深的油井。就在灾难发生前两周，美国总统告诉美国公众："顺便说一句，如今的石油钻塔一般不会造成漏油。他们的技术非常先进。"（Obama，2010）该讲话还赞扬了日本安全可靠的核能供应。并不是说只有他一个人没有看到在地震多发地区进行核能发电的风险。查尔斯·佩罗（2011:47—48）转述了东京电力公司前董事的想法，他说，他从未想象过海啸会袭击福岛第一核电站。其他人则更注意海啸的危害。即便如此，东日本大地震引发的海啸还是冲破了大船渡市和釜石市的特制海堤，其中后者是世界上最大的海堤，耗资 15 亿美元建造。神户防灾中心负责人说："这将迫使我

们重新思考我们的战略，这种硬件是无效的。"（Kawata quoted in Onishi，2011）

这没什么新奇之处。如果我们回顾一下 20 世纪具有象征意义的两大工业灾难——"泰坦尼克"号沉没和切尔诺贝利核反应堆熔毁——我们会注意到它们有着相同的安全保证。专家们经过深思熟虑后认为，"泰坦尼克"号永远不会沉没，但它在首航时就沉没了。而切尔诺贝利 7 级（7 级是国际核事件最高等级）核事故发生前一个月，《苏维埃生活》杂志以"全面安全"为题，对该核电站进行报道（Virilio，2003）。维利里奥指出，过去大规模生产的工业事故仍层出不穷，如今又出现了信息和基因技术方面的后工业事故。我们会在下一章深入探讨新风险的本质和危害。这类事件将我们推向维利里奥所称的"大规模的""普遍性的"或"综合性的"事故。这是一种从"原位"事故到"整体"事故的转变，任何人在任何地方都会经历这种事故（Lotringer and Virilio，2005:100）。维利里奥将 2010 年 5 月 6 日的闪电崩盘视为一次典型的"传输事故"，是对高速运转的超互联世界生活的预警。

自动化机器

维利里奥研究的基本前提是，我们必须分析整个历史发展中的速度和加速度，并将其视为历史性时代的构成要素。这包括技术革新的加速和淘汰。发明的速度超过了工程技术的速度，同时进入市场的压力也在增加。在这样的条件下，安全设计和测试变得更具挑战性。数字技术带来了额外的困难。从工程角度来看，标准的安全方法是纳入多余的部件，即复制部件以防止个别故障。但在数字领域，这就不那么奏效了。随之而来的一个问题是对事故的标准解释。大多数事故模型假设它们是能量不受约束和意外释放的产物，或是能量的流动。维利里奥指出，我们的主要威胁可能来自信息流的失真（或阻断）。

软件并不一定是"安全的关键"，而事实上，越来越多的事故因它而起（Leveson, 2002:3）。事实上，这些代码控制着社会生活的更多方面。

数字技术的全球传播也标志着交互复杂性的增加：系统在设计上与更多的系统连接和同步。软件是连接的纽带，为众多系统、组件和人员提供了联网的能力。即使对那些被认为是最专业的人来说，也不容易预测、控制或纠正这种潜在的后果（Baudrillard，2008:73）。这种困难部分源于现代社会技术系统的另一个方面，即把多种控制和决策功能让给自动化系统。

对雅克·德里达（Jacques Derrida，2000）而言，机器的自动化将是伦理的终极噩梦。唐纳德·麦肯齐（Donald MacKenzie，2011）让我们对这个噩梦几乎成真的世界有了更深刻的理解。股市交易曾经是人与人之间的活动，后来变成人对屏幕或电话对电话的交易；现在则是终端对终端的交易、软件同软件的沟通，而且这些交易都是以毫秒为单位完成的。麦肯齐（2011）提到的一项研究发现了这种交易的模式。购买和销售完成或取消后的几毫秒内交易活跃水平得到显著增高，大约是正常情况下的 300 倍。此后会出现一段时间的不活跃。随后的一分钟左右时间里，交易大幅飙升，然后如同开始那样，交易迅速结束。经济学家乔尔·哈斯布鲁克（Joel Hasbrouck）和吉迪恩·萨尔（Gideon Saar）测量了这些峰值的周期性。它们之间的间隔约为 1000 毫秒。"这与人类行为几乎没有直接关系。"（MacKenzie，2011）它由计算机系统与匹配引擎协调，使它们能够在找到相应的买卖订单时进行交易。纽约证券交易所的计算机位于新泽西州的莫瓦市。

大公司使用这些程序进行交易，但他们面临一个问题。他们希望交易的数量可能无法立即处理。交易者会收到相关的提示并相应地改变他们的价格。如果提交了大量订单，但只是执行了部分，竞争对手可能会改变他们的订单和定价结构。例如，当他们看到采购订单数目庞大时，他们会提高价格。大型机构会利用执行算法来帮助缓解这种情况。这些机构将大订单划分成小单位，并密切关注交易时机。他们有两个基本的动机：一是让交易看起来尽可能"符合常规"，以免引起他人的过度关注；二是他们不会赔钱。执行算法导致哈斯布鲁克和萨尔所发现的峰值。另一套专门用于统计套利的算法则负责抓住价格趋势中的波动来获利。还有一些算法是建立在其他算法基础上的。它们可以检测到执行算法的存在，在执行算法介入之前买入股票，然后在获利的情况下卖出。

不同的算法，工作速度不同，但加速度决定了时代。处理速度不断提高。正如麦肯齐（2011）所指出的，哈斯布鲁克和萨尔的数据来自2007 年至 2008 年间。那时候的运行速度拿到现在来看会显得很慢。目前，交易是以微秒为单位的。伦敦证券交易所宣称，通过其新平台处理订单的时间为 124 微秒。这似乎是空间被时间湮没的又一个例子，但现在来宣布讣闻还为时过早。空间比以往任何时候都更重要。你的配套引擎放在哪里非常重要。显然，放在芝加哥是毫无意义的，因为你比纽约交易所的交易足足迟了 16 毫秒。

闪电崩盘

闪电崩盘见证了道·琼斯工业平均指数的最大单日跌幅（美国股市在回升之前损失了约 1 万亿美元的价值）。这被归咎于计算机化的交易。根据其中一种说法，纳斯达克股票市场上的一笔交易，本应该输入 "m" 来表示数百万，实际却被错误地输成了代表数十亿的 "b"。其他传言则更为具体：花旗集团的一名交易员卖出了 160 亿股宝洁股票，而他本应卖出 1600 万股。这导致在 20 分钟的窗口期内，股价和股指期货价格以前所未有的速度暴跌。《连线》（Wired）杂志称当天是"经济史上最奇怪的一天"（Keim，2012）。在这之后，虽然股市价格有所回升，但却发生了巨大的变化。麦肯齐（2011）指出，埃森哲公司的股价从 40.50 美元跌至 1 美分，苏富比的股价从 34 美元升至 99999.99 美元。他写道：

> 在 2 点 45 分 13 秒之后的 14 秒钟内，高频算法买卖了 27000 多份期货合约，但其累计净买入量仅为 200 份左右。到 2 点 45 分 27 秒，股指期货价格较 4 分半钟前的水平下降了 5% 以上。市场已经进入了一个潜在的、灾难性的自馈式螺旋式下跌。

它之所以没有以危机告终，在很大程度上要归功于芝加哥商业交易所的 Globex 系统，该系统包含一种停止逻辑功能。该系统从美国东部标准时间（EST）13 时 45 分 28 秒开始暂时停止交易（总共 5 秒的"储备状态")。业内人士认为，这足以让人类交易员有足够的时间来评估形势，防止价格进一步下跌。当价格发生重大变化时，许多程序也会停止运行，交易员可以手动停止机器交易。竞价无法停止，但价格尽可能低（1 美分），报价尽可能高（99999.99 美元），因此才会出现埃森哲和苏富比的股价。这样一来，价格变得毫无吸引力。其他评论人士也指出，这一事件发生在下午是幸运的。他们推测，如果这一事件发生在上午开盘或是下午收盘之时，都可能对其他全球金融市场产生潜在的灾难性连带影响。例如，如果事件发生在上午，欧洲联盟（欧盟）市场就会开盘（可能会出现恐慌），而如果事件发生在下午，美国市场可能在没有任何恢复之前就已经收盘。因此，"600 点的跌幅"将不会有任何回升，从而导致"万亿美元的损失"（Cliff and Northrop，2010:7）。

由美国商品期货交易委员会（CFTC）的一位作者主导的一份报告，分析了 2010 年 5 月 3 日至 5 月 6 日 E-mini 标准普尔 500 股指期货市场上的交易情况。通过核实买家、卖家、交易时间、其发起人、订单、订单类型、价格和交易量，他得出的结论是：事件的起因是一个大型的卖出计划。该计划不是把交易在时间上分散开来，而是一次性执行。其规模之大，使买方无法承受卖出负荷（Kirilenko et al.，2011:35）。调查人员将原因锁定在堪萨斯投资经理所使用的一种算法上。引发这场危机的是对其出售 75000 份指数期货合约计划的反应，而不是像欧元区危机这样的外部"真实世界"经济事件。美国证券交易委员会（SEC）和美国商品期货交易委员会发布的官方报告也得出结论：闪电崩盘的诱发因素在于系统本身。其他交易量较高的自动交易都无一例外地通过了，但在这次交易中，一些戏剧性的事情发生了。

自动化金融系统已经成熟，足以应对正常事故（这将在下一节之后的章节中讨论）。这些系统紧密相连，极其复杂。即便是专家也不得不承认，他们不完全了解这些系统。这会影响日常操作和潜在的安全上改进的可能。尽管大家在系统改进的必要性上意见一致，但仍然存在一个棘手的问题：这些系统真的能改善现有问题吗？对此，也许我们只能猜测。一般事故的另一问题是，它们很难解决。由于其速度快，人们可以采取有效行动的窗口期通常非常短。在这种情况下，专家们认为5秒钟的时间已经足够；麦肯齐（2011）指出，这就和擤鼻涕的时间一样短。

现代性与信任：
考验专业知识

知识和控制的失败在当代具有深刻的意义。在 2009 年 4 月意大利拉奎拉市发生地震后，这种权威危机似乎达到了顶点，专业知识本身似乎受到了审判。公共保护部的七名公职人员因在严重地震发生之前和之后向民众散播虚假信息而被起诉。2012 年 10 月 22 日，所有七名被告都被认定犯有过失杀人罪。他们被判处六年监禁，禁止担任公职，并被迫向遇难者家属做出经济赔偿。全球媒体报道，这是对科学的攻击，特别是在无法准确预测地震这件事上。换言之，他们因未能突破不可能的目标而受到谴责。一些人认为这是自他们的同胞伽利略·伽利莱受审以来，科学事业受到的最严重的打击。美国科学促进会就这一判决向意大利总统发出了一封公开信，表示抗议。

对"拉奎拉七人组"的审判，灾害研究者能够为我们提供另一种解读。是的，这场审判是政治性的，但却是以一种完全不同的方式进行的。为了使诉讼变得有意义，亚历山大认为，这些程序需要放在意大利（地方）政治的背景下，其特点是腐败、蔑视公众和规避监管，尤其是在建筑方面。政治权力始终为商业精英服务，而不是为公共利益服务。这些政治权力经常违反健康和安全标准，无视对环境的破坏。如此看来，这次审判是一次"试图将某种道德感、责任感和问责制带入意大利公共生活的尝试"，并"重新定义科学在意大利灾害管理中的作用"（Alexander，2014:1170—1171）。

这些科学家若因科学知识的局限性而受审，那将仍然是可耻的。但他们不是。受到质疑的是他们作为公职人员的行为。他们自欺欺人地安慰公众，给出了致命性的错误建议。例如，2009 年 3 月 31 日，国家重大风险委员会举行会议，以消除公民对意大利中部地区地震的恐惧（当地一位专家根据对氡气排放的监测，预测将发生一场地震，引起了媒体的关注）。国家地震学和火山学研究所淡化了地震的可能性，这使该专家受到了起诉的威胁。会议结束后，贝尔纳多·德·伯纳迪尼斯（Bernardo De Bernadinis）博士告诉电视台记者说，不必惊慌。他还建议观众放心地回家喝一杯。这同英国战时指令"保持冷静，继续前进"如出一辙。4 月 6 日凌晨，当邻近的帕格尼已有强烈震感时，公民保护协会的成员还将人们带回到大楼建筑内，告诉他们不必担心，因为他们掌控着局势。然而，不幸的是，这场 6.3 级地震毁坏了 10 万幢建筑，造成 300 多人死亡。

我们还能信任谁呢？然而我们必须去信任别人。从"开创者们"开始，社会学家们就注意到，现代性的一部分就是依靠他人。卡尔·马克思（Karl Marx）谈到现代资本主义生产的详细分工：我们没有制造任何东西的全部，而只有一小部分，老板和技术决定了生产条件。埃米尔·涂尔干（Émile Durkheim）指出，我们的有机团结、社会凝聚力源于依赖性：分工使我们像细胞或器官一样，只有通过与他人的关系，社会机体才能发挥作用。马克斯·韦伯（Max Weber）指出了日益增长的知识理性化：不单是知识的现代化进程，也包括其极端的碎片化和专业化。我们对世界上大多数事物的运作方式基本一无所知。因此，为了应对日常生活，我们相信事物会正常运作。后来，诺伯特·埃利亚斯（Norbert Elias）会谈到具象，即那些我们都无法摆脱的相互依存的网络。这种相互依存性不断向更大的（无名的）关联链延伸。那些为我们提供食物、衣服、住所和保护我们的人现在遍布全球。我们将在下一章讨论风险和危害的空间延伸。

　　后来，安东尼·吉登斯（1990:26）认为，信任"从根本上与现代制度有关"。其原因是，对专家和专家系统的信任"保证了"某些假设，这些假设有助于使社会活动在不同的时间和空间里都可以预测。"当我走出家门，坐进汽车，我进入了完全被专家设定好的环境——包括汽车、高速公路、十字路口、信号灯和许多其他项目的设计和建造。"（Giddens, 1990:28）我们生存的方方面面都是这样的。我们生活在一个充满专业知识的世界里，我们相信专家的测试、标准和监管标准足以保证我们的安全。我们不得不信任专家（及其抽象的社会技术系统），因为我们对许多事物一无所知，也因为今天的许多风险避开了常识性认知。"我们受社会机构的摆布：气象服务、大众媒体、内阁办公室、官方认可的容忍度。"（Beck，1987:155）

常见的事故和专家系统

现代社会技术系统的复杂性使得它们并不一定被所有人理解（我们对现代金融系统的讨论已经表明了这一点）。布莱恩·怀恩（Bryan Wynne，1988:149）提出，我们把它们"看作一种大规模的'实时'实验"，我们所有人都深陷其中。怀恩用许多信息来源为这一结论建立了经验基础。他分析了几个案例，包括"挑战者"号航天飞机灾难和剧毒异氰酸甲酯的处理，他认为这些案例都不是特例。怀恩认为，专家们的工作比想象的更加迷茫，尤其是涉及多站点系统时。

对他来说，我们大量的技术恰恰就是这些复杂的相互联系的系统（用他的术语来说，它们是"广泛的"和"开放的"）。人们通常认为，我们先有规则，然后才有实践，也就是说，我们有一个系统，在这个系统中，设备、能源和人都遵循一套共同的逻辑，事物的运作和我们的行为都受制于规则。怀恩驳斥了这种观点。我们可以称之为互通的幻想。理论上的技术（设计和合理规划：它应该做什么）和实践中的技术（使用和紧急规则制定：它实际做什么）之间存在差距。后者从来不是最终的成就：它始终是一个持续的过程。这些情境化和非正式规则制定的实践影响了技术，使风险的概念复杂化。正如怀恩所述，技术是通过意料之外的发展而"正常化"的。因此，事故和灾难会使通常的技术受到质疑。（类似的观点，请参阅第三章维利里奥和拉图尔的有关讨论。）

在"挑战者"号航天飞机事件中，美国国家航空航天局（NASA）充分意识到一些部件和子系统没有正常工作。以前的飞行任务也是如此，但都没有以灾难性的结局收场。"挑战者"号爆炸是由于固体火箭助推器O形密封圈泄漏引起的。从早先的发射中，人们已经发现了O形环的热应力和周围绝缘材料的泄漏路径。可人们普遍认为，O形环从未发挥过应有的作用，它们经常被烧毁或损坏，而且极易泄漏。因此，O形环虽然不是最佳选择，但还是可以接受的。这只是其中一个不按脚本工作的部件。这样带来的结果是安全观念上的转变：事物的安全性是通过人们内部的非正式协商来确定的。"挑战者"号爆炸事件中可观察到的故障是一个持续争论的问题，但大家一致认为，所有的故障都在可接受的范围内（回想起来是错误的）。

戴安·沃恩（Diane Vaughan，1997）也研究了"挑战者"号爆炸事件。与怀恩一样，她将灾难的根源归结为复杂组织的日常工作。她将标准的下滑称为"偏离的正常化"。与怀恩一样，她的实证调查引起了对风险常规化的重视。她特别提请注意信息的流动和她所认定的"结构性保密"，这与专门工作组织固有的活动、互动和决策有关（Vaughan，1997:238）。就"挑战者"号而言，这一切都发生在一个无视行业安全规则和自身安全规则的组织内，该组织受到竞争激烈和资源匮乏等因素的影响，缺乏内部透明度和有意义的外部监管（Vaughan，1997:33—34）。

怀恩指出了技术规范化的三个要素，即制度标准化、背景标准化和系统标准化。首先，正如组织社会学家的工作所证明的那样，各组织制定的工作常规和规则往往与官方的组织规范相悖。美国国家航空航天局"挑战者"号就是一个贴切的例子。其次，技术的使用环境具体而复杂，甚至包括从未为之设计的全新使用环境。日本的核电站就是一个很好的例子。大多数反应堆都是由美国人设计的，使用环境并没有考虑到地震和海啸（Sawada quoted in Jamail，2011）。而技术在不断适应具体环境的过程中难免会产生偏差。最后，在大规模系统的情况下，技术只是部分适应了具体情景，其偏差会进一步加剧。例如，如果只有部分技术被（或没有被）吸收到本地监管结构中，整个运作系统便会支离破碎。而当技术存在跨领域合理性时，进一步的问题便会随之出现。怀恩引用了一家法国工厂的案例，该工厂储存和分销异氰酸甲酯。异氰酸甲酯是一种剧毒化学物质，当初联合碳化物公司一家工厂的异氰酸甲酯泄漏，导致博帕尔数千人瞬间死亡。这被认为是世界上最严重的工业灾难之一，事故发生后，政府制定了严格的安全措施来处理这种化学物质。当这家工厂采取了适当的谨慎措施时,在社会技术系统的另一个地方(马赛的港口),码头工人们处理异氰酸甲酯的方式和处理其他物质没任何区别,他们习惯于标准化的、按生产率支付的工资,尽管在处理异氰酸甲酯时需要极度小心,他们还是一味追求速度。

这里要重申的一点是,我们现在生活在大规模的、相互依存的系统中,但很可能没人能够理解这些系统。这是很成问题的。我们的技术对我们来说太过复杂。对一些理论家来说,不理解构成我们环境的社会技术系统,正是当今最深刻的存在主义危机的根源(Derrida in Derrida and Stielger,2002:57)。科学技术研究向那些寻求简单的技术科学解决方案(或保证所有问题都将在这样的系统内解决)的人发出以下警告:

◎ 科学知识是由社会所生产的,并随着社会的变化而变化(Kuhn,1970)。它也具有高度的政治性(Latour,1987,1988)。

◎ 技术没有好坏之分(Kranzberg,1986)。

◎ 专家并不总是专家(Vaughan,1997;Stehr and Grundmann,2011:104—108)。

◎ 被认为非专业的边缘化群体和外行可能比权威人士更了解情况(Wynne,1996;Callon,Lascoumes and Barthe,2009)。

◎ 现代社会技术系统是开放的和脆弱的(Winner,2004,2006)。

◎ 没有人能够掌控我们复杂的技术(Perrow,1984;Wynne,

1996）。

◎ 灾难隐现：所有的技术和技术系统都具有潜在的灾难性（Perrow，1984；Wynne，1988）。

怀恩（1988:149）从中得出的教训是，技术是潜在的事故。这为它们在复杂系统中的常态化提供了可能性。即使可识别的事故原因只有一个，也往往有许多其他因素令事故雪上加霜，因此我们必须谈论风险和危害的系统性产生。当时位于博帕尔的联合碳化物（印度）有限公司工厂里，异氰酸甲酯储存罐（610 号储存罐）管道进水就是这种情况。博帕尔气体泄漏事件被认为是世界上最严重的化工厂灾难。佩罗（2007:177）以"博帕尔，灾难之母"为题对此进行了讨论。

1984 年 12 月 3 日，约 30 吨用于制造西维因杀虫剂的异氰酸甲酯气体从该厂泄漏。不同渠道报道的伤亡人数各不相同，也许真正的数字永远不会为人所知。估计死亡人数为 2 万人，而可能有多达 20 万人暴露在毒气中（Varma and Varma，2005:37—38）。数万人需要持续的医疗护理。在这起事故中，联合碳化物（印度）有限公司工厂的选址、操作规程、人员配备、员工培训和安全装置都存在缺陷。事实上，是这些因素共同加剧了事故的恶化。正如佩罗（2007:178）所写的那样：事故是会发生的，但"使事故得以蔓延恶化的恶劣的工厂条件却是可以避免的"。

化工厂建在城市的边缘，而不是建在离城市较远的安全地区，如指定的工业区。规划者原本希望它建在适当的区域，但事与愿违，工厂最终建在了靠近居民区的地方。它与棚户区相邻，靠近公共机构，包括铁路和两家医院。化工厂的日常运作也受到质疑。异氰酸甲酯储存在三个容量为 15000 加仑（约合 68191 升）的巨大储存罐中。由于其公认的毒性——异氰酸甲酯是异氰酸酯中最毒的成员，而且没有气味——在管制较严的西方环境中（德国、美国），工厂往往不会大量储存这种化学品。标准的操作程序是生产即时使用的异氰酸甲酯，而且在装罐时，储存量决不超过容器容量的 50%。在博帕尔，工厂并没有执行这种操作要求。事故发生时，610 号储存罐的容量已高达总容量的 87%。在泄漏之前，610 号储存罐中本就储存了数吨异氰酸甲酯，又将另外的异氰酸甲酯也添加到其中。在这个过程中，操作人员违反了联合碳化物（印度）有限公司自己指定的安全上限，即储存量最多为容量的 60%。此外，异氰酸甲酯应在冷藏条件下储存。在温度超过 11℃时，警报器应发出警报。在博帕尔，警报温度被设定为 20℃。

工厂的位置和运作都有问题。这些问题因人员配置缺陷和一些安全装置的故障而变得更加严重。工厂管理人员没有遵守雇用大学毕业生并对他们进行 6 个月培训的承诺，而是优先录用高中毕业生，6 个月的培训时间也被缩减到 2 周。安全标语是用英语写的，而联合碳化物（印度）有限公司的许多员工并不懂英语。此外，员工数量大幅减少：操作员人数减少了一半，督导人员数量减少了三分之二，并且取消了每个工作班次均需配备一名主管的要求。在控制室，每个操作员不得不跟踪

70 多个仪表板、显示器和控制装置（Sinha，2009）。洗涤器和信号塔或许能够帮助控制轻微的泄漏，但它们没有发挥作用。另一个安全装置被证明是无效的：喷水系统只能将水喷到 15 米高的地方，而异氰酸甲酯在 50 米高处发生泄漏。他们没有安装专门的设备来监测工厂内的泄漏，也没有向公众发出毒气可能扩散到工厂之外的警告。对于联合碳化物（印度）有限公司来说，这些都不应该是什么新闻。1982 年，他们自己派出的调查组已经发现了该厂在维护和技术方面的许多问题和（阀门、压力表、喷水系统）故障。他们的审计发现了 61 处风险，其中 30 处被认定为严重风险（Sinha，2009）。灾难再次揭示了对企业而言，什么是重要的（公司利润），什么是不重要的（当地居民和雇员）。

看来，该公司对即将发生的事故早有预知。劳工部也是如此。至少有四次联合碳化物印度有限公司的事故曾提请他们注意。但被提议的安全改进措施没有得到落实。记者指出，监管机构和该公司之间的关系非常密切。高级政客和行政人员似乎都在联合碳化物印度有限公司的工资单上，享受着该公司的慷慨赠予（Ram and Vaidyanathan in Varma and Varma，2005:41）。佩罗（2007:178）总结了当时的情况：“如果说有一家工厂在等待事故的发生，那就发生在 1984 年 12 月的博帕尔。”

佩罗对复杂组织的研究表明，我们应该将分析从造成技术事故的惯常嫌疑因素上转移开来。这些惯常因素包括：工人不专心［联合碳化物（印度）有限公司将博帕尔异氰酸甲酯气体泄漏事件归咎于工人的怠慢（Varma and Varma，2005:40）］、培训方法不当、缺乏机构记忆、缺乏安全参数、资金不足等。相反，比如怀恩，他就建议我们将事故视为系统相互作用的正常结果。关于机构事故人为因素的研究得出了同样的结论："对于组织和管理领域内潜在故障的隐蔽性积累，或其与各种局部诱因的（往往是不可预见的）不利结合，目前没有可靠的技术防御措施。"（Reason，1990:xii）。

特别是在复杂的高科技组合中，系统内的故障有可能以无法预料和往往无法理解的方式相互影响，因此，常见的事故是可以预料到的。在"紧密耦合"的系统中，这些事故尤其具有破坏性，因为在这些系统中，事故发生进程迅速、联系紧密且难以停止。相互依存网络的一个基本属性是，一个网络中的节点失效可能会导致其他网络中的依赖节点失效。这种情况会反复发生，并导致级联故障。这类事故通常是常规、计划、人员、采购、技术、材料和环境等多个方面失误造成的。事实上，这些常见的事故可能比佩罗推测的还要常见。在新西兰公立医院的支出中，约三分之一用于治疗医疗事故伤害（不良事件），其中大部分被认为是可以预防的（Brown et al.，2002）。同样，全球信息技术项目的失败率估计在 33%—80% 之间（Thompson，2005；Sessions，2009:3）。

佩罗的论点来自一些案例研究，包括宾夕法尼亚州三里岛核电站二号机组的部分堆芯熔毁事件。起初，该厂的操作人员遭到了中伤。在三里岛核电站的案例中，人们发现维护团队人手不足，导致他们超负荷工作，但随后的调查还显示了系统性的失误：泵失灵、阀门错位、仪表板上的警示灯被遮住、自动安全装置及其指示器失灵、先导式溢流阀也同样失灵，而这些都不是核电站的操作人员能够注意到的。事后，专家们仍在争论工人们是否应该减少高压喷射，以避免将水注入反应堆堆芯，或者过热的燃料棒中是否产生了氢气泡，从而导致发生爆炸的可能性。在整个事件的一个超现实的脚注中，事故中失灵的先导式溢流阀的制造商德莱赛工业公司刊登了广告，声称《中国综合征》(*The China Syndrome*) 的女主角简·方达比核电更危险 (Perrow，1984:20)。这部电影在事故发生前不到两周上映，其中便提到一个反应堆的熔毁会使一个宾夕法尼亚州大小的地区变得无法居住。

糟糕的事情发生了

尽管有专家的保证，但令人难以置信的事情还是发生了。布鲁诺·拉图尔（2002:33）认为，这揭示了我们生活在风险社会这一社会学论断背后的真正含义。生活并不一定比以前更有风险——在应用这种理论的西方国家，人类似乎比以往任何时候都更长寿——只是我们在现在的生活中应该意识到：糟糕的事情随时可能发生。这是威廉·弗洛伊登堡（William Freudenburg，2001）关于寿命延长（recreancy）的讨论中的核心论点。他描绘了美国预期寿命从 19 世纪初到 21 世纪初的增长情况。趋势很明显：隐含的死亡风险持续下降——人们的寿命延长了。但与此同时，这些延长的生命也经历了自主性的降低。他们的相互依赖指数（不在农场就业，因此不生产自己的粮食的美国工人比例）急剧增加。在 1830 年，绝大多数美国人在农场工作（70%——在这一世纪初，这个数字甚至更高）。到 1990 年，很少有美国人在农场工作，指数仅有 2%。

我们比以往任何时候都更加具有依赖性，而且至关重要的是，我们难以影响自己信任的专家。要想影响或接触他们是很困难的，甚至是不可能的。弗洛伊登堡注意到现代性中令人难以置信的技术进步。他说，我们增加了技术控制力，却削弱了社会控制力。我们信任专家机构，但这些组织和当局在工作中却缺乏应有的警惕性。不作为记录了制度的失败，即那些专家和官僚机构没有达到我们对集体的期望（关于这方面的实证研究，见弗洛伊登堡的著作，1993）。个人或机构总是存在无法超越自身利益行事的可能性（不可否认，这种可能性很小）。虽然这种情况很少，但却会造成巨大的损害。弗洛伊登堡（2001:94）引用了保罗·斯洛维奇（Paul Slovic）的"不对称原则"，记录了一个老生常谈的观点：信任很难建立，但很容易被破坏。他还引用了斯洛维奇关于"信号"事件的概念：当它们发生时，就表明系统的一切都不顺利。不信任感和不安接踵而至（这可以追溯到前面关于灾难和启示的观点）。

社会理论家们长期以来一直赞同这样的观点：这个体系并不完美。他们还注意到了随之而来的焦虑，认为我们的时代正在发生深刻的社会心理变化。在这个时代里，"不可能的事情正在变得可能"（Žižek，2010:328）。定义我们这个时代的信号事件——切尔诺贝利核事故、苏联解体、人为气候变化、全球金融危机、欧元区危机——都有这个共同点。在它们发生之前，无论是作为事件还是就其影响而言，它们都是不可想象的（Beck，2013:22—23）。毫无疑问，一系列理论家所强调的当代焦虑的另一部分（Beck，1992b:74；Massumi，1993；Furedi，2005:5；Bauman，2006）是认识到可怕的灾难不只是发生在"远方"，也会发生在身边。此外，正如在讨论中所指出的，那些旨在保护我们的人并没有保护我们。也许他们根本就不能。

因此，我们生活在一种高度的"灾难意识"中（Brunsma and Picou，2008:983）。布莱恩·马苏米（Brian Massumi，1993:10）写道，"社会的朝向不再是回到应许之地，而是一场已经降临到我们头上、交织在日常生活中的普遍灾难"。马苏米的观点可以参照小布什的总统任期加以更新和阐述。在他的任期内，美国发布了400多份官方灾难声明（Bogues cited in Brunsma and Picou，2008:983）。在这种情况下，灾难已成为日常生活的一部分。

对于苏珊·内曼（Susan Neiman，2004:282）来说，"9·11"恐怖袭击——21世纪的另一个典型灾难——提供了信号，它"强调了我们无尽的脆弱性……不可能的事情变成了现实"。这场灾难也凸显了当代地缘政治的真相：国家已经失去了对暴力手段的垄断。世界上最强大的国家，拥有最强大的军事力量，却无法采取果断的行动。它既无法保护自己的公民，也无法保护自己的国防部办公大楼。五角大楼有55分钟的时间来追踪美国航空公司77号航班，但却无法将其击落。相比之下，在23分钟的时间里，美国联合航空公司93号航班上的乘客经过讨论、投票并最终采取行动，使飞机在抵达首都之前坠毁（Scarry，2010:xxi）。

另一个体现国家应对失败的例子是卡特里娜飓风，新闻界将其与国家的失败相提并论。卡特里娜飓风揭示了"文明最严实的秘密"。现代文明并不是一帆风顺的，它的外衣单薄而脆弱，一阵疾风便可将其摧毁（Bauman，2006:16）。媒体将美国与第三世界国家进行比较，但排除了人道主义援助。NBC 的一名记者在市政府评论"这一异世景象"，他说，"这里不是伊拉克，这里不是索马里，这里是美国，我们的家"。CNN（美国有线电视新闻网）指出，"这个城市一直依赖的系统失灵了"（Quoted in Petersen，2014:45）。同样，艾米莉·威特（Emily Witt，2012）也在博客中描述了飓风桑迪对纽约这个"美国最伟大的公共工程项目"的影响："这是一个由管道、电网、电路和网络组成的城市。我们被编号的楼层、编号的街道和编号的公寓组织起来，通过巨大的管道、隧道和桥梁得到供给和供水……周一晚上，当这些宏伟的机器一个接一个地失灵时，我们终于看清了它们。"

第五章

风险世界？
麻烦的新物种

风险社会就是一座重新配置的实验室，在这个实验室里，生命本身就是一系列的实验。

我们在本书的开始已经探讨了灾害研究对社会学和社会理论的贡献。在本章，我们用社会理论来解释灾害。社会理论已经宣布了一系列的终结：启蒙计划的终结、历史的终结、自然的终结。现在，我们面临着最大的终结：一切的终结，因为我们正受到文明消失和大规模物种灭绝的威胁。因此，生物圈和人类生活之间关系的深刻变化为所有关于新风险和新危害的讨论提供了基础。

我们的开篇向导是事故研究领域的著名学者保罗·维利里奥和风险研究领域的著名学者乌尔里希·贝克。我们试图通过他们的著作，来了解当今世界的风险和危害：目前有哪些新型的麻烦出现？我们将特别关注社会活动节奏的加快、世界日益增长的相互联系、我们制造的危险的性质，包括事故、灾难和风险的时空延伸及其心理后果。

维利里奥和贝克的观点有明显的相似之处。两人都认为，要理解当代社会安排和我们岌岌可危的本体安全，关键是要认清现代性步伐的加快。两者都认为技术是关键的诱因。若非有意，我们所面临的问题是技术创新的直接后果。对于维利里奥（1999:92—93）来说，事故揭示了"技术进步隐藏的真面目"，而对于贝克（1996a:35）来说，事故预示着"线性技术的终结"。维利里奥同意贝克的观点，认为我们的世界充满了风险。他同样认为这些事故和灾难正在接近常态："日常生活正在成为一个由事件和事故、灾难和大灾难组成的万花筒，在这个万花筒中，我们时常遇到意料之外的事情，可以说，意外是突如其来的。"贝克（1992a:102）也同样指出，事故成为一个有始无终的事件；一个由舒缓的、奔腾的和重叠的破坏浪潮组成的"开放式的节日"。对维利里奥和贝克来说，当代的风险具有全球性和普遍性的特点。在这个焦虑的时代，恐惧成为社会团结的新基础，其原因是前所未有的风险水平和技术上无与伦比的速度、力量。这是一个持久不衰的现在或一种转瞬即逝的文化，与过去和未来都没有什么关系。

对于维利里奥（2003）来说，现代社会与之前社会的区别在于它的
发展速度之快。因此，任何试图认识我们这个时代的尝试，都必须将加
速度作为一种决定性的政治力量进行分析。维利里奥把他的研究称为"速
度学"（dromology），这是一个从希腊语 dromos（竞赛）衍生出来的新词，
表示快速运动和速度竞赛（Liddell and Scott，1996:450）。维利里奥指出，
世界上有过三次重大的速度革命，每一次都与一种典型的技术有关。第
一次是交通运输的革命，是跨越疆域的移动。这里的例子是发动机。先
是蒸汽机，然后是内燃机，再后来是喷气机和火箭技术。这第一次革命
与地缘政治有关。第二次革命使时间和空间的标准概念变得复杂化。这
是一场不受地域限制的传播革命，是摩斯电码通信技术、无线电、电视
和后来的计算机的革命。因此，我们从局部的现实空间转向全球化的网

络空间。第三次革命涉及移植，即向身体内的移动。在这方面，纳米技术是一个典范（Virilio and Lotringer，2002:95）。

维利里奥（2003）补充说，如果不了解与速度和加速度密切相关的事故，我们就既不能理解我们的历史，也不能理解推动历史发展的技术。"要研究速度，就不得不研究事故。为什么会这样？因为速度会使我们失去控制。什么是速度，什么是加速度？速度就是失去控制，而加速度是连情感也失去了，后果就如同失去交通工具一样严重。"（Lotringer and Virilio，2005:98）事实上，他认为，事故之于社会科学，就像罪恶之于人性一样。我们发明一项新技术的同时，也促发了意外和不幸的可能。发明了轮船，才可能发生沉船事故；发明了铁路，才可能发生碰撞和脱轨；发明了飞机，才可能发生坠机。科学上的定性成就伴随着一个定量逻辑：科技进步的强度越大，不可避免的灾难就越大。为此，维利里奥缺席了空客A380飞机的启动庆祝活动。"一架800座的飞机就等于800人死亡。"（Quoted in Geisler and Doze，2009:96）在描绘我们的困境时，维利里奥回溯到古典神话，将意外称作现代性的美杜莎（Lotringer and Virilio，2005:103）。正如维利里奥所言，这个比喻只是部分恰当，因为这一次将不会有珀尔修斯①。

因为事故揭示了原本可以掩盖掉的事物，维利里奥将其视为一种奇迹（Lotringer and Virilio，2005:63）。在《最糟糕的政治》（*Politics of the*

---

① 珀尔修斯（Perseus），古希腊神话中的英雄，宙斯之子，同时也是英仙座名称的来源。在雅典娜和赫尔墨斯的帮助下，他杀死了美杜莎。——编者注

Very Worst）中他指出事故的另一个积极方面。它带来了改良和安全性改进：

> 只有分析和超越这些事故，才能实现技术的发展。当欧洲铁路问世时，交通管制不力，事故成倍增加。因此，1880 年，铁路工程师在布鲁塞尔召开会议，发明了著名的闭塞制。这是一种有效调节交通的方法，从而避免了铁路技术进步的破坏性影响——火车失事。"泰坦尼克"号的沉没也是一个类似的例子。在这次悲剧发生后，人们开发了一种通过无线电呼救的方式——SOS（紧急求救信号）。另外，"挑战者"号航天飞机的爆炸和第一艘远洋轮船的沉没也都是重大事件，它们揭示了发动机的原始事故。（Virilio，1999:89）

速度越快，事故越大。由此产生的灾难扩散，以及灾难从现实世界向虚拟世界的蔓延，都造成了严重的不安。我们发现自己时刻处于恐惧的包围之中。

正如维利里奥所指出的那样，虽然所有的技术都是潜在的事故，但当它们具有即时性、互联性和互动性时，它们威胁着一种完全不同的秩序：以事故结束事故。当今时代，像闪电崩盘这样的事件发生在全世界的时空范围内，人们不论身处何地，都可以在同一时间感知到。这个"普遍的事故"标志着结果和影响的全球化，遍布全球的传播媒介使地球上的情感同步成为可能。维利里奥预测，这种可能性很快就会成为现实。其实，我们已经隐约见过它可能的样子：2004 年的印度洋海啸、各种金融恐慌和熔断，以及 2001 年 9 月 11 日世界贸易中心遇袭。"9·11"是一个特别重要的时刻。"事实上，不使用武器，也不使用军事工具，而是简单利用航空运输工具摧毁建筑，并做好了在行动中同归于尽的打算，"维利里奥（2003）写道，"就是在袭击和事故之间人为设置一种根本性的混淆，并利用蓄意事故的'质'来损害飞机的'质'和无辜生命的'量'，从而超出了以前由宗教或哲学伦理所设定的所有限制。"

这提醒我们注意当代焦虑的另一个来源：世界上的事故实际上可能是恐怖袭击。对于事故发生的原因，过去我们只想到不幸，现在我们也必须考虑恶意的行为。我们究竟是牺牲于自然感染，还是牺牲于一群生物恐怖分子密谋释放的"武器化"流感？（Madid et al.，2003）飞机的引擎是爆炸了，还是被炸毁了？鲍德里亚（2003）已经预见到了这样的行动，他和维利里奥有着相同的观点：

> 根据这一逻辑，我们甚至可以说，自然灾害也是恐怖主义的一种形式。像切尔诺贝利这样重大的技术事故，既是恐怖主义行为，也是自然灾害。印度博帕尔发生的毒气泄漏是一起技术事故，也可能是恐怖主义行为。任何飞机坠毁事件都可能是恐怖组织所为。

有证据表明，这种情况已经发生了。"9·11"事件发生后一个月，美国航空公司 587 航班的坠毁是美国航空史上伤亡第二惨重的飞机事故。虽然美国国家运输安全委员会的官方报告（2004）将其归咎于飞行员的失误（过度使用方向舵装置导致垂直稳定器分离），但当时很多人怀疑是恐怖分子所为。据说"基地"组织甚至将其列为"9·11"事件后的成功案例之一（Northeast Intelligence Network，2004）。

副作用包围下的社会：贝克的风险世界

时机就是一切。在 20 世纪 80 年代中期，乌尔里希·贝克撰写了《风险社会：新的现代化之路》（*Risikogesellschaft ：Auf dem Weg in eine andere Moderne*）的手稿。当时，东德当局计划在巴伐利亚地区的瓦克斯多夫建立核后处理厂，反核运动者就此向当局提出抗议。本书就是在这一背景下写的。在《风险社会》出版后的几个月里，发生了三起可怕的事件：世界上最复杂的机器"挑战者"号航天飞机在佛罗里达州上空爆炸，巴塞尔一家化工厂的爆炸导致莱茵河起火，以及截至当时历史上最严重的工业事故——切尔诺贝利爆炸和随后放射性物质的释放。这三起事件使贝克的影响力与日俱增。

贝克的工作具有独创性和前瞻性。布莱恩·特纳（Bryan Turner，1994：172—174）指出了贝克理论介入的新颖性：社会理论注意到社会生活在不同时期的组织化和规制化趋势，换句话说，现代化进程试图降低风险，使生存更可预测。而贝克的工作与大部分社会理论背道而驰。这里特纳引用了马克斯·韦伯关于合理化和官僚化方面的著作、诺伯特·埃利亚斯关于文明进程方面的著作、马克斯·霍克海默（Max Horkheimer）和西奥多·阿多尔诺（Theodor Adorno）关于完全管理的社会的研究、米歇尔·福柯（Michel Foucault）在规训技术方面的著作、尼古拉斯·卢曼（Niklas Luhmann）在系统理论方面的著作，以及乔治·里泽（George Ritzer）关于麦当劳化的著作。迈克尔·古根海姆（Michael Guggenheim，2014:4）倾向于回溯到更远的过去："自霍布斯的《利维坦》（*Leviathan*）问世以来，社会理论的问题就是秩序问题和对稳定性的解释问题。""无论是国家，还是价值观，抑或社会系统（塔尔科特·帕森斯）、场域（皮埃尔·布迪厄）、模仿（加布里埃尔·塔德）以及技术（布鲁诺·拉图尔），解释总是围绕着是什么将社会维系在一起，是什么产生了稳定性和可预测性而展开。当然，这一切的前提是假设社会有一种'自然的'分裂倾向。"

贝克还研究了西方社会公众对风险和大规模社会技术系统的极度焦虑。调查显示，人们担心个人和环境健康受到威胁，但在大多数情况下他们仍然相信专家，容忍核能发电等存在潜在风险的事物，认为它们是必要之恶。虽然人们赞同生态学家的"道德"，但天平却坚定地倾向于技术科学的合理性。然而，1986 年发生的一连串灾难性事件改变了这一点。

奥尔特温·雷恩（Ortwin Renn，2008:54）指出，这十年的"特点是风险评估界采取了明显的防御态度，对专家和风险管理机构越来越不信任，并形成了一个强大的反精英文化，他们对官方已有的专家风险评估提出了挑战，并要求为技术政策指明新方向"。可以公平地说，贝克的工作在这些争论中起到了决定性的作用。《风险社会》得到了德国公众的认可，在短短几个月内就成为畅销书，打破了技术文献对"风险"这一概念的垄断。它运用风险理论，更加全面地对整个社会现状做出新的思考——关于自反性现代化的辩论——由此，"风险"在全球社会科学中获得了一席之地。

在贝克看来，"第一现代性"定义了我们已经失去的世界。它的特征是建立在集体基础上的社会关系、充分就业、富饶的单一民族国家和对自然的无情剥削。而我们的"第二现代性"则以相反的特征为标志：个性化和碎片化、日益增长的失业、全球化和环境灾难（Beck，2000:18）。这是一个正视现代性所制造的威胁，从而进行反思的阶段。它揭示了我们目前的社会制度和知识的局限性，进而揭示了我们为控制人类所创造的事物的能力。贝克（2004:197）提出，"'副作用'的概念不仅仅是一个口号，它是这一理论与古典时代的社会科学之间的关键区别"（表 5.1）。

表 5.1　经典现代性与反思型现代性的对比（改编自贝克，1992b）

经典现代性	当代反思型现代性
财富产生的逻辑：商品的分配	风险产生的逻辑：不良商品的分配
物理上和时间上约束的风险	动态的、无形的、持续的全球风险
风险是分层的、特殊的	风险是民主的、规范的
存在决定意识（阶级认同的首要地位）	意识决定了存在（风险感知的首要性）

贝克（2013:23—24）这样来定义我们的时代：我们时代的标志是灾难性事件的增加。新形式的灾难在本质上是不可控的，如与核能、金融危机和气候变化有关的灾难。因此，我们需要采取紧急行动（但这需要一种新的全球性世界政治形式）。风险社会被看作压迫者的回归，在这个社会里，现代性所有的主宰幻想都暴露出来。它的出现表明现代社会的危险已无法再被归因、预测、控制、回避或避免。在这个世界里，工业化所带来的转基因的、以激素催肥的层架式饲养场的鸡，终会让人们自食其果。

贝克的风险社会理论可以归纳为三个基本观点：我们面临新的风险；风险的程度不断加剧；风险的范围正在扩大。社会向第二现代性的转变标志着全球风险的上升。这些风险包括基因和纳米技术："因为这些风险是系统性的，所以它们改变了风险的概念，从概率的概念变成了彻底的不确定性的概念。"（Beck，2004:31）国家和公司通过立法和保险，为防范事故提供了保护机制，这样，它们在本质上属于行政事务，是脱离政治本身的治理问题。但是，贝克认为，现代的风险是国家和商业力量所不能控制的。健康和安全立法、保险或风险管理专家都无法驾驭它们。如果我们抱有一种信念，认为那些占据权力地位的人能够保护我们，无论他们来自国家机器层面、科学界还是媒体，那终将是一种"世纪误解"（Beck，2009:194）。相反，我们被迫面对"史无前例的、程度无法确定的人为灾难"（Beck，1995a:2）。那么，风险社会就是一座重新配置的实验室，在这个实验室里，生命本身就是一系列的实验。

正如我们将继续看到的那样，这种风险的社会—时间延伸，以前所未有的方式，连接起远处和近处、现在和未来。"最亲密的，比如说，养育一个孩子，和最遥远的、最普遍的——乌克兰的核反应堆事故、能源政治——现在突然间直接联系起来了。"（Beck，1987:159）切尔诺贝利核反应堆熔毁事件是当代风险的典型：它在一个不确定的时间段内，影响着一个无法界定的地区内一个不明确的社区。切尔诺贝利事故打破了原有的风险定义：它的后果是不受限制的。它导致了三个根本性的转变：工业生产和自然之间关系的转变，社会和危险之间关系的转变，以及集体行动和价值意义的弱化。它们的结合产生了深远的影响："生命的基础已经发生改变"（Beck，1997:154，表 5.2）。

表 5.2　贝克对比传统、工业和风险社会的类型（改编自贝克，1996a）

传统社会	工业社会	风险社会
无法估量的威胁：不知道下一次灾难何时到来	可估量的风险	不可估量的风险：不予保险
组织逻辑：地区化	组织逻辑：国家化	组织逻辑：全球化
有限的具体威胁	受时空限制的威胁	不受时空限制的威胁
对指责和因果关系的简单理解	对指责和因果关系的复杂理解	无法理解指责和因果关系的标准术语
墨守成规	第一现代性：相信进步和理性	反思型现代性：质疑一切知识和实践
制造的风险：无关紧要	制造的风险：潜在的	制造的风险：主导的
典型风险：自然灾害	典型风险：工业事故	典型风险：放射性物质泄漏事故
饥饿引发的主体性	不平等引发的主体性	恐惧引发的主体性

人为的不确定性

风险社会理论家给出了一个实用的术语来思考当前的状况和未来的可能性：人为的不确定性。它指的是最广泛意义上的人类工业产品。它们是社会内部的、集体经历的，甚至是全球性的（如人为气候变化、金融崩溃和恐怖袭击）。正如吉登斯（1994:78）所写，这种风险是由"启蒙运动发展而来——我们有意识地侵入我们自己的历史并干预自然"。此外，它们也标志着与以往所有风险历史的决裂，这主要体现在它们的起源和后果两个方面。首先，在我们以往的大部分历史中，我们最严重的生存威胁来自外部自然；而现在，威胁来自于人类自身。虽然我们为了掌控技术，早已制定了相应的计划，但现在，强大的现代技术有可能从我们已有的计划安排中挣脱出来。事实上，"我们现在所经历的恐怖——困扰着我们日常生活的恐惧——就存在于我们在过去一个世纪中巧妙构建的系统里"（Winner，2004:166）。其次，无论是单民族国家还是精算学都无法掌握这些人为的不确定性。人为不确定性的产物无法计算、控制或弥补，因此它们具有新颖性。德克·赫尔宾（Dirk Helbing）强化了贝克的观点，他指出，即使是"最先进的"风险评估也存在诸多问题。它不善于测量罕见事件可能结果的子集和参数，而且它很少考虑多个相互影响的事件的可能性。这意味着它经常忽略反馈循环、放大效应和系统的不稳定性。人为因素（如疏忽）和文化因素（如社会资本）也经常被忽视。赫尔宾（2013:57）总结道："一些最严重的灾难之所以发生，是因为人们没有想到它们是有可能发生的。"

吉登斯也同意贝克的观点。现代性有一种独特的"新的风险模式"。我们制造了最大的问题，这些问题源于知识、技术和工业的发展（1990:110）。如今，损害控制和恢复取代了掌控之类的早期概念。并且，像贝克所说的那样，全球化的重要性日益凸显。全球化进程传播着人、思想、技术及其产品，也破坏了自然和传统，并导致自反性增加，这是存在于知识与控制之间日益扩大的差距的必然结果（Giddens，1994:6—7，表5.3）。

鲍曼的观点将全球化的问题又向前推进了一步。在他看来，存在了几个世纪的秩序已经被抹杀。鲍曼把它的消亡定义为权力和政治的分离，前者被理解为做事的能力，后者被理解为决定这些行动的手段。两者都曾在单一民族国家的范围内存在。鲍曼断言，现在权力已经进入了流动的空间。从金融资本到毒品恐怖主义，一切都是独立于国家监管能力而流通的，但"除非被束缚和驯服，否则我们的消极全球化……使灾难不可避免"（Bauman，2006:176—177，原文强调）。

表5.3　吉登斯传统社会与现代社会的分类（改编自吉登斯，1990）

传统社会	现代社会
参照从前	对当下的不断审视：自反性
速度慢，范围有限	速度快，范围广
社会活动本地化	活动脱离社会环境
时间和空间统一	时间和空间分离
专业知识：次要	专业知识：首要
威胁来自自然	威胁来自反思型现代性
强调幸运（命运）	强调危机
外部风险	人为风险

吉登斯（1994:97—100）认为，人为风险表现在四个实质性领域中。我们可以参照环境、社会不平等、暴力和政治来观察这些领域。我们可以通过资源消耗和污染程度增加、财富两极分化加剧、大规模杀伤性武器扩散以及民主权利普遍被剥夺（包括恐怖主义和各种极端主义的抬头）等这些问题来追踪。这些因素综合起来，揭示了西方现代性的脆弱性及其不可持续性。现代世界正面临着自身的局限。

我们的采矿作业规模如此之大，以至于当其井壁坍塌时，会引发地震（Pankow et al.，2014）。英国壳牌石油公司在尼日利亚的天然气燃烧事故使德雷人连续10年生活中只有白昼。贫铀武器有45.1亿年的放射性半衰期（Nixon，2011:108&201）。人为的不确定性记录了这样一个事实：我们可以改变气候，让地球转动，使黑夜变成白昼，创造出永恒延续的东西，但我们无法控制我们已启动的任何进程。在任何时候，这一切都可能出现可怕的故障。一个恰当的比喻是，一辆失控的车辆正加速冲向未知的集体命运（Giddens，1990:151；Beck，1992b:180；Bauman，2011）。我们已经从"刹车时代进入了加速器时代"（Virilio and Lotringer，2008:58），在这个时代，"发展的速度超过了社会的文化想象"（Beck，2009b:297）。正如吉登斯（2009:228）所说："毫无疑问，我们的文明可能会自我毁灭，而且其全球影响力，会带来可怕的后果。世界末日已不再是一个宗教概念，不再是一个精神清算的日子，而是一种存在于我们社会和经济中的、近在咫尺的可能。"

新
的
证
据
基
础

　　每个时代都会宣告自己的末日启示。但之前所有的启示都是邪教式的：规模小、局限性强、宗教性强，而且极端。它们往往偏离了主流的正统观念，单纯强调信义之举。过去，末日由在宗教方面具有远见卓识的人宣告，如拔摩岛的约翰[①]；而现在，它们却出现在严肃的科学期刊上。以前，我们会在《启示录》第六章中读到世界末日，读到宇宙灾难、大规模的饥饿和死亡、巨大的社会不和谐（甚至崩溃）、太阳被遮蔽以及各种极端的地质和大气事件，而现在，这些都是同行评审的文献和学术书籍中公认的现状。剑桥大学设有生存风险研究中心，牛津大学设有人类未来研究所。这两个机构的出版物并没有对我们所面临的风险和人

---

① 拔摩岛的约翰（John of Patmos），新约圣经中《启示录》的作者，根据《启示录》记载，他曾居住在希腊的拔摩岛上。——编者注

类的未来做出乐观的判断。

末日启示已经从神话和宗教转向科学和理性。这些启示带有科学的印记，得到了我们所掌握的在认知上最优越、最健全的知识的支持。事实上，人们现在只能这样做。正如亚历山大（2006:2）所指出的那样，人们花了 2500 年的时间才对灾难有了一个明确的科学认识：

> 首先，我们必须了解地球是一个球形天体；其次，必须建立现代物理学的定律，特别是关于引力的定律；再次，必须将地球的起源回溯到足够远，以便能够对异常事件的规模和频率有一定的了解；最后，必须对地震、火山和大循环做出有力的地球物理学解释。

我们还可以说，气象学和气候学直到 20 世纪后半叶才发展到成熟科学的程度。

科学家们现在讲述的情况确实令人震惊。例如，《自然》（*Nature*）杂志上的一篇文章警告说，北极永久冻土的融化可能对全世界商业产生灾难性影响。这篇文章的作者们认为，以 10 年内释放 50 千兆吨甲烷计算，全球变暖加速将造成 60 万亿美元的损失。这个数额大致相当于 2012 年的全球经济总量（Whiteman，Hope and Wadhams，2013）。南极的情况也不容乐观。《自然地球科学》（*Nature Geoscience*）最近的一份报告认为，南极冰层正在融化，其程度是过去 1000 年中前所未有的（Abram et al.，2013）。地球上其他地方的情况也不尽如人意。在政府间气候变化专门委员会（IPCC）的《管理极端事件和灾害风险以推进适应气候变化》的新闻稿中，特别报道的一位编辑说："灾害风险几乎无处不在。"（Quoted in Ingham，2012）"简言之，"正如政府间气候变化专门委员会第五次评估报告健康部分的三位撰稿人所言，"人类驱动的气候变化对人类福祉、健康，甚至可能对人类生存都构成巨大的威胁，其类型和规模都是前所未有的。"（McMichael，Butler and Berry，2014）

关于后一点，英国皇家天文学家马丁·里斯（2003:8）认为，"地球上现有的文明能够维系到本世纪末的概率不超过 50%"。学术专家就各种全球灾难风险进行的一次调查显示，人类物种在本世纪末之前灭绝的中位数估计值为 19%（Sandberg and Bostrom，2008）。斯坦福大学生物学教授保罗·埃利希则不那么乐观。他认为避免文明崩溃的概率为 10%（Cited in Stone，2013）。与剑桥微软研究院（Microsoft Research）计算科学主管史蒂芬·埃莫特（Stephen Emmott）的看法相比，这些预估实在是过于乐观。他在《百亿》（*Ten Billion*）中对地球承载力的总结是："我认为我们完蛋了。"（Emmott，2013:216）甚至一些冷静的科学家也开始问："地球第六次大灭绝已经到来了吗？"（Barnosky et al.，2011）

贝克用"风险社会"这个词来说明，人们越来越意识到，工业社会在创造前所未有的财富的同时，也产生了可以终结一切的能力。如果第六次大灭绝事件到来，它将是人为的不确定性产生的结果。以前所有的灭绝事件都源于自然原因；但这次是人类的责任。人口数量的激增、资源的过度使用、污染、生存环境的破碎化、非本地物种的引入、病原体的传播、对其他物种的杀戮以及这一切对气候变化的影响，就凭这些我们现在就可以把人类列入大规模灭绝进程的名单。这"在地球历史上是独一无二的：一个动物物种的扩张，其数量和大脑足以挑战生态系统中的所有竞争"（Kieffer et al., 2009:81）。现在"我们就是小行星"（Barnosky quoted in Luck-Baker，2012，原文强调）。

在人为制造的不确定条件下，我们面临的最大问题是我们自己制造的东西。蒂莫西·莫顿（Timothy Morton，2013）称它们为超物质，因为它们在时间和空间上极其分散。他认为所有超物质都有五个共同特征：（1）它们具有附着性，它们附着在我们身上，甚至穿透我们，困扰着标准的距离概念以及关于意义和适当性的规范；（2）它们是非局部的，不一定在某个特定的时间或地点显现，而是在社会—时间上延伸；（3）它们具有一种与现在的人类完全不一致的时间性，它们"释放自己的时间"；（4）它们占据了一个更高维度的相位空间，避开了人类直接的感官感知，人们通过科学调查来认识和理解它们；（5）它们"客体间性"地存在着，这意味着它们是由大量实体之间的相互作用构成的，但又是不可再分的。

超物质包围着我们。我们无法逃避它们的矩阵。全球变暖的影响将持续到未来的几个世纪。超物质超越了人类的尺度。这意味着它们对我们来说并不总是可见的或有意义的。它们会产生实质性后果，但也可能会被推迟和分散。因此，它们的发现通常依赖于现代性最重要的工具——科学仪器和（统计）表征。识别超物质需要承认没有其他物质，因为最终我们都会被置于危险之中（Morton，2013:140）。即使我们将污染物从 A 处运到 B 处，它仍然污染着我们唯一的星球。这里莫顿还引用了放射性废物的例子。它伴随着我们数万年，我们无法摆脱。钚-239 的半衰期超过 24000 年（人类最早的艺术记录也没有这么久）。同样，核事故也会带来跨越各大洲的无形的危险。核污染充其量是得到了控制，但它永远不会被消除，就像溢油被分散而不是被清理一样。然而，普遍存在的"远离"的概念却触及现代思想的核心。这就是超物质令人不安之处。

超物质揭示了我们之间的相互联系，迫使我们产生一种生态意识。它们也强调某种亲密关系。由于超物质具有严重的危害性，所以它们使我们与我们的死亡建立起关系；它们的全球性影响，使我们和他人建立起了联系；同样，它们时间上的延伸性，使我们与后代建立起了联系（Morton，2013:139）。因此，我们需要认真思考这些外部和内部的陌生因素。这些思考使我们的感知尺度增加，将我们的分析维度扩展到 n+1，向我们展示了一个全新的世界。比如我们发现，"工业"的"运转""只是一个更大的、'不良—运转'的空间中一个小的、规范化的

新
的
时
空
性

　　当今的全球风险表现出空间、时间和社会的"去边界化"（Beck，
2002a:41）。风险无法再被控制在一国边界以内。气候变化、臭氧层空洞
和各种形式的污染已不分国界。例如，"近几十年来，气候变化对各大
洲和各大洋的自然和人类系统造成了影响"（IPCC，2014:4）。因此，我
们需要关注风险的社会—时间延伸。例如，斯维特兰娜·阿列克谢耶
维奇（Svetlana Alexievich，2006:1）指出，纳粹在第二次世界大战期间用
数年时间摧毁了 619 个白俄罗斯村庄，而切尔诺贝利核反应堆熔毁在数
小时内便使 485 个村庄无法居住，其中 70 个村庄不得不永久埋葬。全
国 1000 万人口中，有 20% 目前仍生活在受污染的土地上。然而，白俄
罗斯并没有核反应堆，切尔诺贝利在乌克兰。贝克（2004:116）写道："我
刚刚完成《风险社会》的校样。有一件事使它变得如此戏剧化，那就是

德国当时的核事故应急计划预见到的最大可能半径为 28.5 千米。在制定应急计划的时候，我们压根儿没有意识到在另一个国家发生的事故会影响到德国。"

正如贝克（2002a:41）所指出的，在这种情况下，因果关系和法律责任的问题变得相当复杂。这些风险似乎往往是无法控制的，不受代理人、社会和空间区域的影响。这给当代政治提出了巨大的挑战，当局已沦落到只能佯装控制住了那些无法控制的东西的地步。因此，人们对政治家和专家的尊重日益减少。全球性风险包括基因和纳米技术。它们难以控制或界定，所以具有通用性和渗透性。

环境风险似乎特别容易出现约翰·德雷泽克（John Dryzek）所说的"问题转移"。"解决"环境风险的方式是将风险转移到不同的时间、空间和媒介。因此，转移可以是从这一代人转到未来的人，从一个国家到另一个国家，从土壤污染到水污染 [Bovenkerk，2003—2004:25；另请参阅发生在偏远地区造成损害的地震活动的相关灾难记录文献（Tierney，2014:57）]。风险的制造者不一定是风险的受害者。在这方面，社会科学文献观点明确：不同的群体将经历不同的风险，受到不同程度的保护；他们也将经历不同的待遇和补偿制度（Bullard，1993）。

对人为不确定性和超物质的讨论，提醒着我们注意风险和危害的新时间性。在此，我们对这一重要问题作进一步的评论。从乌尔里希·贝克身上我们了解到，今天的人为风险已经超出了我们控制风险的能力。从贝克喜欢引用的一位学者格雷戈里·本福德（Gregory Benford，

1999）那里，我们了解到，当今的人为风险也已经超出了我们的理解能力，难以用语言来表述。事实上，对于贝克（2002a:39—40）来说，本福德所举的例子最能说明当今世界是一个风险社会。

本福德感兴趣的问题是："人们如何跨越万年发出深层时间预警？"这不是一个假设性的问题。美国能源部在众议院授意下召集了一个专家小组，本福德是其中一员，任务是帮助评估核废料储存库在一万年内不受入侵的可能性。（储存发电、生产武器和医疗程序中产生的核废料是一个日益严峻的问题。迄今为止，储存仅限于临时设施，其中许多设施都会发生泄漏。）本福德称相关报告为接受委托以来编写的影响最深远的环境影响报告。拟建的废物隔离试验场位于新墨西哥州卡尔斯巴德附近的一处盐田，位于地表以下 2000 英尺（约合 609.6 米）。规划和挖掘这处场所将历时 15 年，联邦政府将花费 18 亿美元。

从地质学和政治学的角度来看，这个选址堪称完美。放射性废物储存桶会产生热量，而盐受热会膨胀，在周围形成密封圈。因此，泄漏不会造成严重后果。新墨西哥州南部的人生活贫困，这让当地人很看好这里的工作前景，而北部的人生活更为优渥，他们用尽一切合法途径对此予以反对。然而，从社会学的角度来看，事情要复杂得多。根据过去的情况很难预测未来社会的发展轨迹。诚然，我们了解过去几个世纪的社会，但对千年之前的社会，我们难以有清晰的认识，而"九千年更是超过了现在人类历史的跨度"（Benford，1999:38）。目前的选址位于美国，但鉴于没有一个国家能维持几百年以上，谁又能说得清一万年后的问题会出在哪里呢？

召集起来的专家小组审议了两个具体问题：如何标记该地点？如何警示后代远离该地点？放射性废物需要保护，以免遭到破坏、钻探和开采。但如何保证今天的警示设施不会成为明天的旅游景点，或者像许多古迹一样，成为可回收建筑材料的来源？一个解决方案是让它难以拆解。如果是这样，我们显然应该参考第二次世界大战期间的混凝土防御工事，而不是古代的金字塔。再或许，泥土更可取。它能够抵抗人为和自然因素的破坏。最终，专家小组就一个大型设计达成了共识：警示信息被置于该设计的嵌入式芯体中。但是，一个恰当的警示应该包含哪些内容，又该如何把它恰当地传达出去呢？

这是一个艰巨的挑战，意味着你要同一个你不曾想象的社会进行沟通。本福德（1999:64）甚至质疑，鉴于生物技术的发展预期，这些后代究竟在多大程度上还可以被看作是人类。此外，要使这种尝试沟通取得成效，就必须建造出人类最经久不衰的作品。更为复杂的是，从没有任何语言能在如此长的时间内维持不变。事实上，几百年后，通常只有专家才能读懂当时的语言。在这里，本福德发现了另一个问题：破坏者和勘探者通常不会与古文物研究者和文物保护者为伍。国会规定，该地点应该设立数百个标志，以警示后代。但除此之外，国会并没有对其他方面进行约束。那么，警示应该采取什么样的形式？沟通是有文化编码的，因此，如何跨越社会和历史向后代传达这种危险？目前，放射性物质标识习惯用铀原子来表示，但这容易被误认为是太阳系。辐射符号本该是国际通用的，然而其中一个专家小组成员却把它误认为是潜水艇的螺旋桨。更传统的警示符号是骷髅头和交叉骨，这意味着毒物。但对儿童来说，它暗示着海盗，在中世纪，炼金术士也用它来表示复活。本福德（1999:33）在参加专家小组讨论时宣布这个项目是"不可能的"。这个结论是成立的。

新的脆弱性

现代生存是由复杂而脆弱的大规模社会技术系统促成的，这是决定性因素。哲学家马丁·海德格尔（Martin Heidegger，1977）对此提出了进一步的见解。正如一位评论家所写的那样，海德格尔的著作将"技术概念视为现代思想的巅峰。它是一种存在模式，在这种模式中，现代性最充分地揭示和隐藏着自身"（Van Loon，2002:90）。对海德格尔来说，执着于那些只为被使用而存在的物体，实际上掩盖了技术的基本真相。技术的本质，亦即技术的实际作用，既不能被简单地理解为狭义的工具，也不能被理解为人类学行为。海德格尔汲取了亚里士多德时代以来的哲学智慧。他告诉我们，哲学确定了四个目标：内容（物质）、形式、目的和效果。这四个方面通过提出问题而联系起来。提出问题实际上就是一个呈现的过程，也就是海德格尔（1977:12）所说的揭示。

现代科技的独特之处恰恰在于其独特的揭示方式。所有技术都试图挑战自然，试图释放、转化和储存自然界的能量。世界以资源的形式存在，像是一座常备资源库（Heidegger，1977:17）。海德格尔用"纳入框架（enframing）"一词，来说明现代技术是如何揭示出世界是一座常备资源库的。他举的最著名的一个例子是莱茵河上的一座水电站。这座水电站被置于河流上运转发电。早期，桥梁和发电站都得依水而建，现在则相反。河流被引入发电厂里，它的水流被用来提供能量。它的水压使工厂的涡轮机转动，涡轮机为发电的机器提供动力："甚至莱茵河也像被我们指挥着一样。"（Heidegger，1977:16）海德格尔描述了技术在现代化中的意义、规模和力量。这种力量从自然界中剥离出来，被用于社会目的。但伴随着这种力量而来的是焦虑。它们总是存在着这样的可能性，即这些力量终将从我们为控制它们而制定的安排中挣脱出来。事实上，对于贝克、吉登斯、佩罗、维利里奥、温纳和怀恩来说，我们绝对应该预见到这种情况。这是正常的。

例如，发电和配电是建立在一个复杂、脆弱的组合之上的，这个组合的脆弱程度超出我们的想象。电力不总是沿着相同的预定路径流动。当一个供应商向另一个供应商输送电力时，它增加了电力供应，而接收方要么是发电量减少了，要么是需求量增加了。电力沿着连接路径从"源流"到"汇流"。系统内任何地方的发电和输电转移，都会改变所有其他点的发电机和输电线路上的负荷，其后果可能无法完全预测或管理。随着距离增加和互联性越来越大，输送系统变得更加复杂。欧洲实际上是一个单一系统，北美也是如此。

防范系统故障的正常方法是确保电力流量保持在输电线路的容量以下。当超出容量限制时，线路就会过热。这可能导致线路老化，供电不稳定，甚至供电故障。线路越长，损耗越大。由于交流电网需要所有发电的频率和相位在严格限定的范围内同步，因此会出现更多的漏洞。如果发电机的频率波动太大，断路器会将发电机从系统中移除。然而，当"电网的某些部分以接近容量的方式输送电力时，电流的微小变化会使断路器跳闸，从而将更大的电流输送到邻近的线路，进而引发连锁反应故障"（Lerner，2003:10）。2003 年 9 月意大利电网的崩溃就由此引发。

一个国家可能因为主权领土之外倒下的两棵树而按下暂停键，这一例子深刻说明了现代世界的脆弱性、复杂性和关联性。这在任何其他时代都是不可能的。然而，2003 年，意大利就发生了这样一起事件。这使我们不得不考虑新的风险和危险。

2003 年 9 月 28 日，意大利发生停电。它迅速升级为电网崩溃，成为半个世纪以来全国最严重的停电事件。事情的起因是瑞士卢克马尼尔山口一棵倒下的树使一条线路跳闸。随后，邻近的圣伯纳迪诺线路过载。在第一棵树闪燃 24 分钟后，第二棵树倒在了圣比拿迪卢山口。两条重要线路的故障让系统无法承受。很快，线路过载导致其他的互联线路跳闸，使意大利和欧洲的电力网络无法同步。该国北部的低电压导致几家意大利发电厂跳闸。整个意大利大陆，也就是大约 5500 万人，以及瑞士的部分地区，都停电了（UCTE，2004:4—5）。

电力基础设施不仅仅是基础设施，更被认为是关键性的基础设施。国际风险治理委员会通过空间、规模和时间来衡量危机的严重性：故障的地理分布、影响的严重性以及感受到的速度。电网故障的规模可能是国际性的。它可以深刻并且快速地影响相关地区（Kröger，2007:10）。简言之，这种类型的网络故障极为严重。关键基础设施的中断会产生连锁反应，因为它们是动态和相互依存的关系。电力是网络的一部分。它为其他关键系统提供动力，连接其他系统并与之同步。停电影响到水泵、制冷、信号灯、火车、互联网供应和手机信号塔等等。这对水、废物、食品、运输、金融和通信系统造成严重后果。现代社会生活离不开电。

　　从广义上讲，技术漏洞有两个主要来源。一个是其复杂性。交互式故障是各元件耦合的结果。系统耦合与不同元件之间的时间和距离有关。松散耦合的系统是由对彼此依赖性或响应性较低的组件所定义的。它们是相对独立的（Weick，1976）。因此，小的风险是不重要的。故障将是局部的。相比之下，紧密耦合的系统，如发电系统，是高度相互依赖的，容易发生放大和级联故障。局部组件、节点或链路的故障将导致网络中其他地方的节点或链路的过载和故障。损害会很快蔓延到系统的其他部分。即使是很小的风险也可能是灾难性的。在这里，我们对贝克（1995a:4）关于风险社会的定义又有了新的认识："在我们所处的时代，最小的因素可能造成最严重的破坏。"我们再看一个简单的例子。

　　大部分飞机事故发生时，留给飞行员反应的时间很少，通常最多只有几分钟，很多时候只有几秒钟的时间。1996年10月2日晚，秘鲁航空 603 航班从秘鲁利马起飞，前往智利圣地亚哥。这架波音 757-23A 客机的飞行员在起飞后立即发现了问题。首先，高度表卡住了。然后，各种警报开始响起，包括风切变警报，尽管当时情况平静正常。驾驶舱的仪表给出的读数非常矛盾。机长被告知空速太高，而副驾驶收到的信息是空速太低，他们有失速的危险。这使得驾驶飞机的人员不得不在错误的空中数据指导下飞行，包括错误的高度和速度。机长意识到眼前问题的复杂性和情况的严重性，宣布进入紧急状态，返回利马。更复杂的是，他们于夜间在海上飞行。这使他们失去了可以纠正错误读数的视觉参考点——尽管驾驶舱语音记录仪的记录表明，他们不得不询问空中交通管制部门他们是否真的飞行在海面上空（Cockpit Voice Recorder Database，2010）。虽然空中交通管制部门可以对此提出建议，但由于飞机的机载系统也在向飞行员传递错误的数据，导致他们无法提供应有的帮助。他们和飞行员似乎都没有注意到飞机在下降。这导致 603 航班下滑、倒转，坠入大海。撞击水面时，高度表显示高度为 9700 英尺（约合 2957 米）。机上 61 名乘客和 9 名机组人员全部遇难。

尽管这是一个复杂的社会技术组合，但事实证明，一个普通的附加技术成为它的败笔，这是一个任凭放在哪里也不会对早期工业时代的任何车辆产生影响的技术：遮蔽带。地勤工人在飞机左侧的静电端口上贴了一些胶带，以便在清洁时保护它们。飞机完成清洗和打蜡之后，本该取下遮蔽带。但遗憾的是，飞机准备起飞时，没人注意到遮蔽带还在。这些端口是飞机的静压系统的一个组成部分，对压力敏感。这个简单的疏漏、这个再小不过的因素，却造成了绝对灾难性的后果（Walters and Sumwalt，2000:87—97）。

技术系统漏洞的第二个来源是破坏。现代西方社会的基础是自由和形式上的平等。同样的这些民主理想也融入到了其技术系统中。他们技术的特点是开放和信任。正因如此，能源系统和其他重要的基础设施在很大程度上没有受到保护。他们按照一个心照不宣的协议运作：我们相信专家会妥善管理，而专家也相信其他人不会干涉他们。这似乎是合乎逻辑的。自寻死路不符合公众的利益。但是当面对敌对的局外人时，情况会是什么样子呢？突然间，恐惧压倒信任，那些管理开放系统的人想方设法关闭系统。（当涉及技术系统设计时，恐怖分子作为相关的社会群体被考虑在内。）尽管如此，兰登·温纳（2006:285）得出结论，复杂的系统难以保护，通过周密的计划和基本的工具就可以使它失灵。在他的文章《恐怖分子的技术研究：简明教程》（"Technical Studies of Terrorists: A Short Course"）中，他重复了先前的一条"建议"："找到系统中关键但非冗余的部分，然后……根据你的目的破坏它们。"（Winner，2006:275）"'9·11'袭击之后，灾难的视野发生了转变，"温纳说（2004:166），

例如，喷气式飞机航空公司的成就是控制和引导高能燃料，这些燃料的燃烧能够加快飞机的飞行速度；摩天大楼工程的成就是克服地心引力，将成吨的钢铁和其他材料巧妙地堆放在高层建

筑中，使它们不会倒塌。但如果这些能量没有按照最初的蓝图释放呢？世贸中心袭击的恐怖之处在于，现代科技的两大奇迹——摩天大楼和喷气式飞机——撞在一起，导致两个系统精心控制的能量在灾难性爆炸、烈火和倒塌中释放。从这个角度看，恐怖分子的巧妙之处就在于他们利用手段，触发了导致稳定结构解体的过程。

马丁·里斯（Martin Rees，2003:62）提出，恐怖主义威胁只会继续上升，原因有三个：一是科学进步给心怀不满的群体和个人提供了更多的知识和资源，特别是在细菌学、遗传学和计算机领域，这些知识和资源被坏人利用，大搞破坏；二是无论国内国际，社会联系和相互依存度越来越高；三是即时的全球传播媒介意味着即使是地方性灾难的心理影响，也有可能波及全球。

麻烦的新物种

灾害研究专家指出，人为技术灾害的负面影响比自然灾害的负面影响要持久得多（Freudenburg，1997:26）。他们进一步认为，在我们制造的所有危害物中，现代毒素是一个特例。凯·T.埃里克森（Kai T. Erikson，1995:141）将它们称为"麻烦的新物种"，它们在心理学、生理学和社会学方面带来了严重的后果。现代毒素的不同之处在于它们的损害和后遗症。毒药会造成一种独特的恐惧。不论是从个人角度还是社区角度来看，毒素污染比自然灾害或与机器有关的事故造成的损害更可怕。毒素以一种全新的方式困扰着人们。有三个主要原因：

第一个原因涉及损害的未知性。它们在可检测性和持续时间方面提出了新的挑战。毒素会造成明显的身体伤害，但它们也会产生深刻的心理影响。这是它们的本质使然。由于这些威胁通常会避开身体的保护机制——我们的感官，因此恐惧感会更加强烈。我们不知道自己何时处于危险之中。在传统时代，感官的支配已经足够保护我们，可现在已经行不通了。毒素也会躲避医学检测，很有可能感染毒素数年之后才能检测出其存在。

此外，毒素似乎是永无止境的祸患。毒物灾害的生命周期是不确定的。它们不是简单地开始、存在，然后结束（Erikson，1995:140）。它们的持续时间不明显，影响滞后。这为永久的恐惧创造了条件。因此，在三里岛事件中，没有人知道反应堆究竟意外释放了多少辐射，也没有人知道它真正的危害，因此"那里的恐惧是纯粹的、绝对的、根本性的"（Erikson，1995:140）。或者，正如阿德里亚娜·佩特里娜（Adriana Petryna，2002:216）在区分切尔诺贝利事件与其他灾难时所说的那样："这场灾难的特点是其生物效应的非闭合性。"这种风险的时空延伸产生了一种新的受害者学。贝克（1996a:31，原文强调）的名言是："今天有切尔诺贝利事件的伤员，多年以后还会有，它的伤员甚至还没有全部出生。"联合国人道主义事务副秘书长兼（切尔诺贝利）基金发言人也表达了同样的观点，他说，"在大多数灾难中，官员们迟早会看到苦难和混乱的结束"，"在这里很难看到终结……事实上，我们并不清楚我们正处在这个过程中的哪个阶段"（Quoted in Petryna，2002:161）。纪尧姆·格兰达齐（Guillaume Grandazzi，2006）指出，这也影响了灾难纪念活动：

纪念的逻辑是，人们正在处理属于历史的过去事件。不断提及事故发生的日期，往往掩盖了这种新型灾难的一个基本特征。与以往的灾害不同，除了反应堆的工作人员、消防员和直接目睹事故发生的当地居民之外，大多数核污染的受害者都没有经历"原始事件"。切尔诺贝利事件改变了灾难的本质：不再是被摧毁的城市和战场，而是一个永远石化的城市——普里皮亚季，以及一场没有敌人的战争，战争的"英雄"——大约 80 万"清理人"——也是战败者。面对面目全非的城市，生活在受污染地区的数百万人没有任何过去的事件可以参考和纪念。

第二，虽然索尔尼特和克利夫观察到自然灾害后社会纽带通过新的"治疗性社区"的出现而得到加强（见 Wolfenstein，1957），但与毒素相关的事件往往会造成"腐蚀性社区"，在这种社区中，社会联结因长期诉讼、受害者反被责难和社区分裂而被削弱。所有这些都破坏了恢复的前景（Freudenberg，1997）。技术灾难往往极度复杂，很难确定灾害的因果链，因此，法律索赔问题很难解决。这给人们带来了进一步的创伤，尤其是在成本高昂且善辩的北美体系中。冲突和混乱盛行。

第三，这些灾害暴露了普遍存在的程度不同的不作为状况。正如人们的健康每况愈下一样，机构所发挥的作用也日渐式微。许多官员、机构和组织令人心灰意冷，这加剧了社会压力（Picou，Marshall and Gill，2004）。各种社会群体不仅概念界定模糊，更难以得到心理认同，他们对自身严重失控以及被当局置之不理的境况往往表现出极度的不满。这些问题应对起来颇为棘手。消极不满情绪已经开始起作用，人们变得被动懒散，甚至对生活也失去了信心。总而言之，这些事件没完没了、异乎寻常，不太可能像其他灾害那样有一定的时空界限，其所具有的潜在风险虽然无形可寻，却令人不安，其对社会的危害性可想而知。此外，这种新型的乱象正呈上升趋势，正在"成为社会和当今的心理特征之一"（Erikson，1995:240，表 5.4）。

表 5.4　旧风险与新风险的比较（改编自埃里克森，1995）

早期风险	现代毒素
直接	无形的
可识别	不可识别
有时间限制	持续
有界限	无界限
伤害可知	伤害不可知
创建治疗性社区：在灾难发生后加强社会联系（Fritz，1961）	创建腐蚀性社区：在灾难发生后削弱社会联系（Erikson，1995）

因此我们开始意识到，仅仅存在本身就使我们面临无数的风险；不论是吃饭、呼吸还是生活，我们都无法将自己同他人隔离。污染物、病毒和其他风险从各个渠道袭来：通过空气和洋流，通过土壤和我们的食物，通过计算机网络，通过难民和飞机乘客，通过基因编码，通过全球

媒介。对这些问题的了解促使我们与现实的关系发生重大转变（Beck，1987:155）。对这样的不确定性，整个社会恐惧成风，焦虑成为社会团结的脆弱基础（Beck，1992:49）。

一种新的主体性：恐慌的人，恐惧集合

2001 年 9 月 12 日出版的《恐惧文化》（*Culture of Fear*）修订版的序言中，弗兰克·弗雷迪（Frank Furedi）阐述了他的主要论点：我们生活在一个风险社会中，恐惧是压倒一切的情感，安全是压倒一切的价值。和其他作者一样，弗雷迪引导我们注意到风险、感知和威胁之间的脱节。我们对社会现实的描绘是极其贫乏的，例外被当作规则。这会导致许多负面结果。例如，弗雷迪列举了许多日常活动，如吃鸡蛋、喝水、乘坐经济舱、吃牛肉、约会，并认为它们是让健康受到危害的主要因素。与其他历史时期相比，我们的寿命更长，生活更美好、更有保障，但我们的文化中却普遍弥漫着一种恐慌感。维利里奥（2012c:35）认为我们处于"永久的警报状态"。

正如关于毒素的灾害研究所指出的那样，这种恐惧具有社会腐蚀性，并可能导致一些负面结果，包括警戒主义。个人保护成为常态。恐惧会造成猜疑和社会距离。在消解社会纽带的同时，它也阻碍了集体进步变革的可能性，降低了承担风险的能力。这是一件坏事，因为冒险往往是富有想象力的、有益的，它是探索和实验的必要组成部分。此外，任何限制社会行为的做法都会降低我们的人性。"较之于被动吸烟，被动的生活对健康的危害更大。"（Furedi，2005:xvi）

与鲍曼（2011）的观点一样，弗雷迪认为我们很难确定这种恐惧的来源。弗雷迪坚信它并不依附于特定的实践、对象或过程。我们害怕的是恐惧本身："现代社会的一个典型特征就是把恐惧当作自己病理的倾向。"（Furedi，2005:4）在提出这一主张时，他刻意强调了他的研究与乌尔里希·贝克、安东尼·吉登斯和尼可拉斯·卢曼的研究不同。他们研究的重点在于知识、技术和环境风险。但对弗雷迪而言，风险是相对独立的，是"一种与任何特定问题分开存在的永久条件"（Furedi，2005:5）。鲍曼（2006）更愿意将这种恐惧称为流动性。

大大小小的恐惧都有类似的结构，往往遵循污染逻辑（Furedi，2005:84）。因此，陨石坠落或拐卖儿童的威胁被无限放大，竟到了让人觉得是迫在眉睫的程度，尽管事实证明并非如此。弗雷迪并没有将威胁的存在归咎于媒体、专家或政治掮客；相反，他认为他们是在社会幻象中被解雇的。长期的理论研究表明，媒体越来越多地扮演着社会现实的经纪人的角色（Mills，1956:333—334；Baudrillard，2002:17），这种说法至少是有争议的。对于苏珊·桑塔格（Susan Sontag，2003:18）来说，

"旁观另一个国家发生的灾难是一种典型的现代体验。一个半世纪以来，那些被称为记者的专业的、专门的旅行者提供了这种体验"。他们的确把世间的苦难展现在我们面前，并给我们带来新的可怕的东西。此外，弗雷迪的声明忽略了媒体的议程制定功能：谁和什么是重要的（我们在第二章中已经提到了）；也忽略了媒体的情感激励功能：我们应该如何看待他们有选择地向我们展示的东西（Walter，Littlewood and Michael，1995）。最后，在掌握了爆炸前的心理健康人口统计数据和集体压力后，卫生从业人员对波士顿马拉松爆炸事件进行的研究表明，相对于直接暴露于爆炸事件，媒体对爆炸事件的高度曝光导致了更严重的急性压力。他们得出的结论是，"媒体可能成为一种渠道，将社区创伤的负面后果传播到受直接影响的社区之外"（Holman，Garfin and Silver，2013:93）。

对弗雷迪和贝克来说，风险无处不在。这就使得现代主体性显得异乎寻常。个人行为和可能发生的危险之间的传统联系被切断。现在我们总是感觉自己处于危险之中。它"不再是你做什么，而是你是谁"的问题（Furedi，2005:19）。欢迎来到风险世界。这种超然的认知与现实并不契合。虽然，也许正如弗雷迪所写的那样，穷人和无权无势的人遭受的痛苦最大。

对于启蒙运动的学者来说，未来是积极的；事实上，未来是社会合法性的基础。出于一种乌托邦的冲动，他们期待着人类的终极完美。在科技灾难层出不穷的同时，危险似乎潜伏在每个角落和任何一次新的遭遇中。在这里，弗雷迪（2005:61）引用了贝克、吉登斯和斯科特·莱斯（Scott

Lash）的观察："未来看起来比以往任何时候都不像过去，而且在某种程度上已经变得非常具有威胁性。"进步等于怀疑，谨慎胜于改变。被动性占上风。面对未来，我们只能战战兢兢。毕竟，我们的行为可能会产生长期的后果。"可能"在这里是一个重要的限定词：我们是怎么知道后果的？我们似乎既没有技术，也没有能力去修复过去的伤害或塑造未来的结果。预防原则盛行，风险规避值得庆祝。技术官僚思维占主导地位。

综合起来的后果是，我们生活在一个社会问题被放大，而解决方法被最小化的世界里。与英雄主义相比，受害情结盛行。我们面对的是最小的主体，他们清白无辜，却似乎遭受所有事物的损害。弗雷迪（2005:54&86）勇敢地声明："我们生活在一个比历史上任何时期都更加安全的世界"，然而"自现代性出现以来，人类行动和控制的自由从未像今天这样遭到如此强烈的否定"。

在他后来的著作中，弗雷迪对启蒙工程终结、诚信被侵蚀和个人脱离公共生活表示痛心。启蒙运动挑战了命运，曾积极为其寻求替代方案。弗雷迪现在看到的是默许，是听天由命的接受。如果恐惧是一种政治，那它就是保守主义。在这里，他引用了佩里·安德森（Perry Anderson）的话："自改革以来，第一次不再有任何重大的对立，即系统性的对立看法。"（Furedi，2006:12）这种选择的缺失和对变革的恐惧是恐惧政治的基础。值得注意的是，它同时影响着左派和右派。对命运的屈服标志着所有历史敏感性的终结。左派放弃了未来，右派放弃了过去（Furedi，2006:59）。既然进步等同于风险，那就最好避免进步，因为我们现在都很脆弱。这就是"21 世纪人格的决定性特征"（Furedi，2006:75）。我们不是自己命运的主宰者，不是世界上的行动者，在无上力量面前我们是如此被动，如此无足轻重。这就产生了一种新的脆弱性范式（表 5.5）。

表 5.5　弗雷迪的人本主义与脆弱性范式的类型学（改编自弗雷迪，2006:164）

古老的人本主义范式	新的脆弱性范式
重视独立	重视协助
强调理性至上	表现出对知识的怀疑
寻求通用规范	确认个人身份
接受风险	规避风险
认为实验是积极的	坚持预防原则
相信命运可以改变	认为变化是消极的
以未来为导向，但又能关注过去	存在于当下，与过去隔绝
相信个人和集体可以和谐	认为个人和集体无法和谐
人性能战胜逆境	人性本是脆弱的

在确定恐惧的新含义及其对主体性的影响方面，弗雷迪并非孤家寡人。这种新的论述集合了多家观点：

◎ 当今社会，最大的危险是我们自己的创造（Giddens，1990:110；Ewald，1993:225；Erikson，1994:141；Beck，1998:10；Bauman，

2006:75）。

◎ 这是一个不断受到风险和灾难威胁的社会；它们无处不在（Beck，1992b:24；Erikson，1993:225；Virilio，2002b；Žižek，2010:328—329）。

◎ 对灾难的恐惧束缚着我们（Beck，2002a:46，2009:70；Žižek，2008b:79）。

◎ 这些新的威胁基本上是不易察觉的（Beck，1987:154，1992:23；Massumi，1993:10；Virilio，2002:200），因此更加可怕（Erikson，1995:107；Bauman，2006:2）。

◎ 在这种情况下，恐惧成为普遍的情感（Beck，1992b:74；Tudor，2003；Pain and Smith，2008:1）。

◎ 我们的恐惧不再与具体的威胁相关；相反，恐惧是一种普遍的存在（Bauman and Gałecki，2005；Massumi，1993:10；Virilio，2012:14）。

◎ 风险被民主化了：我们都同样脆弱（Beck，1996a:32；Giddens，2003:3；Virilio，2003）。

◎ 这些风险的含义通过对污染的叙述而变得明朗（Douglas and Wildavsky，1983:36；Beck，1992b:22—23；Douglas，1994:5；Erikson，1994:151；Virilio，2009:122，2012:77）。

◎ 这些风险是个人、专家组和国家无法控制的（Giddens，1990:131；Erikson，1995:111；Beck，2002a:43；Žižek，2010:360；Bauman，2011）。

◎ 风险对象是主动的（Beck，1998:19）；它们的人类主体却是被动的（Furedi，2006:75）。

◎ 风险和恐惧的新组合正在引入一种新的社会组织形式，它有多个名称：反思型现代性（Beck，Giddens，Lash）、第二现代性（Beck）或流动现代性（Bauman）。

灾害研究人员在此也能够进行重要的干预。他们虽然通常不考虑日常情况，但确实研究了灾难，并且"五十多年来，关于人类对灾害的反应的研究所形成的证据"，如夜总会火灾、踩踏、地震、爆炸和恐怖袭击，"表明人们对这些灾难的反应，绝大多数情况下是适应和积极应对"（Tierney，2003:33）。经验性的研究表明，当灾难降临时，我们并不像理论家们要让人们相信的那样充满消极、个人主义和恐惧的情感。关于这个问题，我们会在结论部分讨论灾难和社群问题时再作讨论。

第六章

政治经济I：资本主义与灾害

我们生活在一个景观社会中，这是一个媒介化的世界，在这个世界里，生活是被代表的，而不是被生活的。它的最终目的是通过消费来实现社会凝聚力。和谐被颂扬，统治被掩盖。

谈及『资』字时：跳出维利里奥和贝克怪圈

资本主义当然值得赞扬。它造就了大城市，创造了此前未知而又不曾梦想过的生产能力，使无尽的科学和艺术成就成为可能。从广泛的历史角度看，它通过通信手段的革命化和生产与消费的全球化，产生了深刻的文明效应。因此，它对世界文化产生了积极的世界性影响。但资本主义也应受到谴责。它对利润的过度关注导致了"廉价的劳动力、毁掉的生活、被破坏的地球和被污染的海洋"。它还造成了难以想象的不平等，简单地说："它使人口密集起来，使生产资料集中起来，使财产聚集在少数人的手里。"这是资本主义最激烈的批评家卡尔·马克思和他志同道合的朋友弗里德里希·恩格斯在《共产党宣言》中对资本主义的评论。另外两种批评来自资本主义企业界的领军人物——维珍集团创始人理查德·布兰森（2011:21）和高盛集团首席执行官劳埃德·布兰克费恩（Quoted in Maguire，2014）。就连资本主义制度最大的受益者都对它提出了质疑，你肯定意识到资本主义出了问题。资本主义就是小行星。[关于商业界的类似结论，请参阅世界经济论坛（2012）《全球风险报告》，其中指出最有可能的全球风险是严重的收入差距和长期财政失衡，最严重的风险是重大系统性金融失败。]

在上一章中，我们借鉴了维利里奥和贝克对现代生存本质的见解，特别是探讨了当今威胁的新颖性。他们引导我们注意到现代生活快速而又复杂，我们面临着越来越多的风险；风险和危害存在社会—时间延伸，且强度越来越大；人为的危险将长期存在。虽然以上观点很有价值，却并没有为我们勾勒出完整的画面。维利里奥和贝克似乎都不愿意介入政治经济学。在早期对贝克和风险社会文献的讨论中（提出的观点同样适用于维利里奥的作品），鲁斯·莱维塔斯（Ruth Levitas，2000:205）写道：贝克的观点"与占主导地位的政治话语一样，假设资本主义是城里唯一的游戏，既没有对它进行分析，也没有向它发出挑战"。布莱恩·特纳（1994:180）已经将贝克所观察到的风险水平上升，与新自由主义日益增长的主导地位联系起来："对绝大多数公民来说……风险的作用体现在福利资本主义的转变，是对社会保障概念本身的政治攻击，是放松管制的全球化。"

为了理解当今世界的风险，莱维塔斯呼吁对资本积累和危险的积累进行分析，因为这两者密切相关。但是，维利里奥（2001:161）的速度政治经济学是在没有参照政治经济学本身的情况下发展起来的："我是一个速度重农主义者，"他宣称，"而不是财富重农主义者。"这意味着，他的重点是"破坏模式"（1993:212），而不是"生产模式"。维利里奥的"事故学"主张物质与事故之间的对称。通过观察速度与财富的政治经济、经济与灾难之间的对称性，可以进一步加强这种对称。贝克似乎也忽略了这些见解。史蒂夫·霍尔一针见血地指出了贝克对政治经济学的排斥。贝克（2010a）在国际社会学协会在线通讯的早期版本中发表了《亲吻青蛙：社会学中的世界主义转向》（*Kiss the Frog：The Cosmopolitan Turn in Sociology*）。2010 年 11 月 29 日，霍尔发帖回复道："干得好，乌尔里希。你的又一长篇大论，却对'资本主义'只字不提。资本主义以自己独特的、有效的和持久的方式，将统治、剥削、嫉妒和我们今天生活中的所有其他丑恶现象制度化并再生产。它为你所说的全球权力游戏制定了基本规则。"

埃里克·奥林·赖特（Erik Olin Wright，2010:33—85）指出了资本主义制度的 11 个基本问题（我们将在下文中详细阐述其中的大部分问题）：它使痛苦永世长存；它阻止人们充分发挥自己的潜力；它限制个人自由，因此违反社会正义原则；它效率低下；它破坏环境；它助长消费主义；它鼓励帝国主义和军国主义；它侵蚀公共关系；它遏制民主并破坏重要的价值观。

平托车再次抛锚

关于上述问题，赖特（2010:74）引用了 20 世纪 70 年代生产的廉价汽车福特平托的例子。当时，该公司总裁希望用一款轻型低成本汽车来垄断汽车市场。平托的重量不到 2000 磅（约合 907 千克），成本不到 2000 美元。唯一的问题是，它的便宜是有代价的：结构弱化。燃油箱特别容易受到后车碰撞的影响而破裂。这带来了致命的后果。福特公司的高管们从自己的角度权衡了成本，并采取了与大众截然不同的立场。他们认为，与召回所有车辆并修正缺陷相比，在法庭上就死伤问题达成和解更便宜（他们计算得出，每起死亡事故赔偿 20 万美元，而对每辆车进行修正需要 11 美元）。即使假设每年有 180 人死亡，他们也只需要赔偿 3600 万美元，而召回成本将达到 1.37 亿美元。

如今，平托案被当作公司渎职的教科书案例来研究。然而，这种邪恶的做法仍在继续。最近，通用汽车承认雪佛兰科宝和庞蒂亚克 G5 车型的点火开关存在问题。在行驶过程中，开关可以从"开"移到"配件"甚至是"关"的位置。这将关闭引擎、动力转向、动力制动和安全气囊。同样，后果可能是灾难性的。通用汽车承认这一问题造成了 12 人死亡，至少 32 起撞车事故，可受害者的代理律师提出的数字远高于此。2014 年 4 月，通用汽车召回了近 75 万辆汽车。媒体报道显示，他们首次意识到这个问题是在 2001 年。2005 年，一份公司报告认定，他们无法拿出商业案例来纠正这个问题，召回成本太高，耗时太长。（该组件的价值为 57 美分。）类似的滑稽戏轮番上演。

在 4 月 2 日的《每日秀》（*The Daily Show*）节目中，乔恩·斯图尔特（Jon Stewart）谈到这个缺陷时说："或者，无缘无故，你的车可能会瞬间失控，变成一颗无法制动的、2500 磅（约合 1134 千克）重的蓝色金属炮弹，虽然卫星收音机或许还可用。"5 月 18 日，约翰·奥利弗（John Oliver）在《上周今夜秀》（*Last Week Tonight*）节目中，披露了通用汽车 2008 年的一份内部文件，该文件禁止员工使用某些词语谈论相关车型。例如，员工不能承认点火系统有"缺陷"，而应该说它"没有按照设计运行"。他们还禁止了一系列带有"判断意味的词"，包括"报废的""危险的"和"危及生命的"。奥利弗以一则恶搞的通用汽车广告结束了他的节目，节目结尾是这样一句口号："为什么要冒着生命危险徒步穿过山谷？"

我们可以从中提炼出一点，那就是资本主义的特质包括所有"使风险得以扩大的文化建构"，比如，资本主义唯利是图，"认为自然界首先是一种资源，应当开足马力加以开发，以创造增长、提高利润。资本主义还将自然界看作是一个回收池，工业社会的危险副产品和废物都可以被肆意倾倒其中"（Tierney，2014:228）。资本主义在追求盈利的过程中，将所有能外化的成本都外部化了，因而，公司被描述为"一台外部化的机器"，其对利润的一味追求本质上是一种精神的病态（Monks quoted in Bakan，2005:70）。除了追求利润，其他任何考虑都是次要的。

因此，在本章中，我们将重点关注维利里奥和贝克没有关注的问题——经济学和监管环境。风险思维有着资本主义商业的起源，也最终需要回归到资本主义商业。这与蒂尔尼（1999:236）的观点一致。他呼吁灾害研究工作应立足于政治经济学，特别是要注意不平等这一概念，因为贫穷会加剧脆弱性。看来，在这个最不公平、最具环境破坏性的时代，如果要审视我们的时代，思考财富和危险的积累，我们似乎必须提到以"资"字开头的那个词。在接下来的材料中，我们特别关注资本主义的新自由主义阶段，以及它在创造、预测灾难和从灾难中获利等方面扮演的角色（以及公司的角色）。随后，我们再考虑慈善机构、慈善支持和受害者，分析它们被新自由主义逻辑渗透的方式。

新
自
由
主
义
与
灾
难
性
的
组
织
结
构

　　阶段性转变的隐喻标志着结构和属性的变化，它和社会理论本身一样古老，其中的原因很简单；现代性首先是以变化为特征的。鲍曼（2000:126）将这种变化描述为融化（马克思和恩格斯更倾向于称之为升华，他们关于现代性的经典陈述是"一切等级的和固定的东西都烟消云散了"）。鲍曼在审视当代情形时认为，我们已经从固态的现代性走向了液态的现代性，这也许是最伟大的转型，甚至比封建主义向资本主义的转型更为重大。在他看来，福特时代重资本主义的特点是资本、经理人和劳动者的协同。虽然他们可能存在利益冲突，但他们是"在一起"的，共享一定的行为准则和终身工作的前景。鲍曼将重资本主义比作一艘拥有可靠船员的船。

　　在轻资本主义时代，我们看到的是一个流动的世界，在这个世界里，一切都会报废。我们把它比作一架飞机，它虽然在空中飞行，却没有飞行员。机上人员不知道自己的方向、目的地和命运（Bauman，2000:57—59）。鲍曼使用"流动性"来表明几个新的社会事实：个人正在超越社会形态和机构、权力和政治正在日益分化（他的意思是全球公司规避国家监管机构）、社会安全网日渐削弱、短期解决办法增加、全球经济风险正在变得越来越个人化。

流动现代性可以很容易地被称为新自由主义（也被称为"脱掉手套的资本主义"和"富人的社会主义"）。新自由主义是过去三四十年来大多数西方国家的主流政治意识形态，它既见证了国家的倒退，也看到了国家对企业的让步。这种政治意识形态促成了许多事情，其中最重要的是市场的常态性，甚至是必然性。无论问题是什么，都可以从这里找到答案。新自由主义强调放松管制和私有化（其他人更倾向于称其为再监管，因为治理实践和资源从国家转移到了企业、非政府组织和国际金融机构）。接下来我们会明白，两者都可能是灾难性的。自由是值得庆祝的，但这种自由最终集中在全球资本的自由流动上，没有什么可以阻止它。随着"保姆国家"的衰落，对个人、个人能力和胜任力的重视开始显现（Mirowski，2013:53—67）。

新自由主义的意识形态产生了一种特定的主体性。它劝告人们以个人身份思考，并鼓励这些人将公共问题视为个人问题，任何弊端都通过市场机制解决。新自由主义将公民重新塑造为消费者（以及客户和顾客）。新自由主义的现状造成了前所未有的不平等。对新自由主义者来说，不平等是生活中不可避免的事实，就如生活离不开市场一样，而且这些不平等是绝对必要的：他们声称，这些不平等激励人们更加努力地奋斗。

虽然人们可以做错事，但奇怪的是，企业却不能犯错（Mirowski，2013:64）。然而，批评者指出，缺乏强有力的、充足的外部监管，会给贪婪甚至鲁莽创造条件。研究人员早就知道，在问责制、制衡和透明度较低的环境中，发生灾难的可能性会增加（Tierney，2014:83）。美国通过废除《格拉斯－斯蒂格尔法案》并通过《金融服务现代化法案》，放松了对银行、货币兑换和资本流动的金融管制，这意味着银行和金融业可以"肆无忌惮地运作"（Tierney，2014:229）。这种运作在一定程度上是不负责任的。

只关注利润和股东利益而忽视其他一切，会造成危险的局面。2007年，哈利法克斯银行的市值超过400亿英镑。第二年，该公司损失了其峰值的96%，不得不接受纳税人85亿英镑的救助。最终，英国劳埃德银行以120亿英镑的并购金额收购了这家陷入困境的公司。苏格兰哈利法克斯银行高级独立董事罗纳德·加里克爵士（Sir Ronald Garrick）说，他们的董事会是"我任职过的最好的董事会"（Parliamentary Commission on Banking Standards，2013:29）。但随后的调查提供了不同的解释，调查报告标题为"一场注定要发生的事故"。其中，有些运作是具有欺诈性的。2012年，一些金融机构因操纵伦敦银行间同业拆借利率而被罚款数十亿美元。伦敦银行间同业拆借利率是银行之间就短期贷款收取利息的平均利率。它是全球银行利率的基准。事实表明，该公司被干预有两个原因：为了赚取更大的利润和给出虚假的信用评级（在全球金融危机之后，这种虚构的金融健康表现尤其具有诱惑性）。一位金融学教授说，"与之相比，历史上任何金融骗局都相形见绌"（Quoted in Lanchester，2013）。2014 年 11 月，监管机构对五家银行处以 43 亿美元的罚款，原因是它们未能阻止员工操纵外汇市场。这也促使政府采取行动，开始对这项当时基本上不受监管的、每天 5 万亿美元的商业活动进行监管（Ridley，Franklin and Viswanatha，2014）。

对许多人来说，全球金融危机揭示了银行业和金融业的脆弱（要统计未能预测到全球金融危机的经济学家的数量，需要一大批会计师才能完成）。它还揭示了新自由主义的另一个真相，那就是它的政策系统性地偏向于利润的私有化和危害的社会化（如债务和环境破坏）（Harvey，2010:11）。正如我们所看到的，银行业得到了救助，而普通民众的公共服务却被削减。银行家的奖金很快便连本带息地发放了，但在公共领域，紧缩政策依然盛行。有趣的是，数据显示，紧缩方案越严厉，国家的经济表现越差，这导致 2008 年诺贝尔经济学奖得主保罗·克鲁格曼（Paul Krugman，2013）宣布该政策是"灾难性的"。

新自由主义和（电）力

我们可以通过研究电力行业来考虑解除管制、私有化和灾难之间的联系。在过去 20 年里，许多西方国家的电力行业都经历了这样的"改革"。我们把重点放在美国。能源专家、国家咨询机构、再保险行业和组织社会学家普遍认为,这些"改革"趋势加剧了停电风险。综合而言,他们的关切表现为对复杂性、沟通和竞争的共同关注。

在自由化和私有化的过程中,发电、输电和配电服务被分离,其基本理念是竞争是件好事。在这里,要引出我们的第一个问题:"把一件事情加到另一件事情上,仅仅是这种纯粹的复杂性,就将引发越来越大的干扰。"(Schewe quoted in Glanz, 2003) 美国土木工程师协会(2009:134) 指出,美国有 3100 多家电力公司。电力通常由公用事业公司通过不属于它们自己的线路出售,而且传输的距离越来越远。随着距离和互联性的增加,电力传输系统变得更加复杂,更容易增加风险。甚至相邻的公用事业公司也可能使用不同的控制协议。因此,这就是一个交互操作性的问题——不同的技术系统和人类系统之间如何能够轻易地相互交流? 这不是抽象的批评。自由化和私有化系统中的通信故障直接牵涉世界上最严重的两次停电事件:2003 年 8 月 14 日从俄亥俄州延伸到安大略省的大停电事件和 2003 年 9 月 28 日意大利及其邻国的大停电事件(Bruch et al.,2011:26—27)。这两起事件总共影响了 1 亿多人。

在竞争的环境中,可靠性和利润可能是相互矛盾的——单个公司可以将自己的利益置于共享电网之上,以节约成本的名义减少备用容量(Little,2010:32—33)。因此,没有真正的激励措施来维护、改善或补充输电线路(Perrow,2007:246)。但是,复杂的系统在接近容量的情况下运行,很容易发生级联故障。美国能源创新委员会(2011:5)指出了私营部门的普遍问题:他们在提供环境保护等公共产品方面表现不佳,而且相对于潜在的社会收益，公司个体很难收回研发投资的经济利益，因此，他们在研发方面的投资严重不足。马苏德·阿明（Massoud Amin）和菲利普·舍韦（Phillip Schewe）（2007:67）一致认为，电力公用事业部门的研发处于"历史最低水平"。自放松管制以来，电力公司的研发支出总额减少了78.6%（Sanyal and Cohen，2009:41）。美国和欧洲在基础设施投资上严重不足。美国电网中近四分之三的输电线路和电力变压器已超过25年，发电厂的平均年龄为30年，60%的断路器使用时间已超过30年（American Society of Civil Engineers，2009:18—19）。老旧的输电线路会比现代化的输电线路耗损更多的能量。电网也缺乏自动传感器，无法向操作者发出机械故障的警告。美国土木工程师协会（2009:134）发布的美国基础设施报告单指出了几个令人震惊的事实：自1990年以来的电力需求增长了25%，但输电设施的建设在30年中普遍下降。据估计，到2030年，为满足需求，需要对电力设施投资1.5万亿美元。

　　能源部门也带来了更具体的问题。电力是"现代生活中唯一一种必需却又无法储存的商品"（Meek，2012）。能源并不具有内在价值；相反，它的价值来自于它所提供的商品和服务。因此，产品差异化不是创新的驱动力。此外，它是一个资本密集型行业，需要大量的前期成本，而回报却相对缓慢。这导致了高度的产业惯性。最后，这些市场并不是完全的竞争关系（American Energy Innovation Council，2011）。"放松管制和引入竞争压力原本是为了提高效率和降低价格。但这两种情况都没有发生，"佩罗（2007:246）写道，"效率的支柱——保养和专业劳动力——

有所下降，在长期的价格下降趋势之后，电力成本自放松管制以来有所上升。可以说，电力的可靠性已经下降了。"

S. 马苏德·阿明（2011）认为，电力可靠性明显有所下降。他仔细研究了美国能源部能源信息管理局和北美电力可靠性协会三个时间段的数据集：1995 年至 1999 年、2000 年至 2004 年以及 2005 年至 2009 年。这些数据集显示，在每个五年期间内，停电的频率和严重程度都有所增加。例如，他发现，2000 年至 2004 年间，100 兆瓦以上的单独停电有147 次，2005 年至 2009 年间，这一数据增加到 230 次。假设年需求增长 2%，影响 5 万以上用户的停电就会从 2000 年至 2004 年的 140 次增加到 2005 年至 2009 年 5 月的 303 次。最近，总统办事机构的一份报告（2013:8）承认，重大停电事件正在增加，而电力供应和能源可靠性办公室报告说，美国的停电次数比任何其他发达国家都多，自 1984 年以来，电力损失增加了 285%（Clark，2014）。市场效率如此而已。

在监管较弱的市场中，渎职行为也比较容易发生。在没有外部监督的情况下，鲁莽冲动的行为会变得肆无忌惮，欺诈行为也会大行其道。在美国最大的破产案之前的六年里，安然公司一直被《财富》（*Fortune*）杂志评为美国"最具创新力的公司"（Healy and Palepu，2003:3）。后来，其中一些"创新"被曝光，包括蓄意操纵加州和西部其他各州的电力和天然气市场。2001 年 2 月，就在联邦政府敦促全力发电的时候，安然公司密谋在需求高峰期让一家发电厂停产，以提高电价。这导致加利福尼亚州在 2000 年和 2001 年经历了多轮停电，该州用户的额外能源支出约为 400 亿美元（Weare，2003:3），而安然公司获利也达到历史峰值。后来，美国联邦能源管理委员会（2003）暗指该公司从这些非法操作中获得了高达 5 亿美元的额外净利润。

当然，与通过增加电力供应来提高销售量相比，减少供应并提高单价的方法同样赚钱，甚至更容易。最近，一家投资公司被指控试图通过收购三座发电站来进行价格垄断，并在收购后仅 5 周就关闭了其中一座发电站，理由是它已经老旧，因而耗费过多（Johnston，2014）。而用电高峰期可能出现的电力缺口将导致电价飙升。目前，联邦能源管理委员会正在审理此案，该委员会指控说，关闭布雷顿角的一座发电站将使新英格兰电力消费者每年多支出 26 亿美元。尽管反对管制俘获的说法，但独立系统运营商，即新英格兰公司（其工作是防止市场操纵）表示，它不打算调查对该不法行为的指控。

新公共管理

新自由主义在重构国家与资本的关系时，也对公共行政产生了巨大影响（另见第八章中克林根贝格的讨论）。商业模式被应用于行政治理。这种做法最常见的标签是新公共管理，其典型的定义是削减成本、私有化和放松管制。它试图将市场效率和新式的业绩衡量标准强加于行政管理中。克里斯托弗·胡德（Christopher Hood）和迈克尔·杰克逊（Michael Jackson）（1992:117—120）认为，这样做也会促成"组织"灾难。将政府行政管理分割成不同的成本中心，会产生筒仓效应。这不仅不利于充分看到问题的互动复杂性，还会使沟通渠道出现问题，并混淆责任。以主要业绩指标作为奖励的基础，这种巨大的压力迫使机构竭力掩盖组织失误和一切坏消息，因而忽视了公认的"潜伏期"（Turner，1978:81—98）。而潜伏期中，各种导致灾难的症状会表现出来，有关的个人和团体可能会对灾难发出警报。

在给予企业特权方面，监管可以被重新解释为经济增长的敌人。它干预了所谓的自由市场效率。胡德和杰克逊（1992）指出，放宽区域划分条例，以允许在易受灾害地区进行开发（如洪泛平原上的住宅房地产），是为未来灾害创造条件的一种方式。削减成本使事情变得更加复杂。首当其冲的牺牲者往往是一线的救灾人员，也就是那些负责防灾、减灾和救灾的官僚阶梯底层的人士。如果钱是问题所在，为什么要把钱花在尚未发生的事情上？因此，减灾工作很可能是一个低优先级的工作。未来灾难的受害者没有投票选他们中的任何一个人担任政治职务。在一切正常的情况下，选民们很难把这些事情作为他们的当务之急。此外，针对极端的、极具破坏性的"黑天鹅"（Taleb，2010）事件[1]的保险也被认为是徒劳的。最后，如果成本是个问题，那么维护工作可能会被削减，系统的冗余也不会被解决。这将削弱当前的系统，并扼杀潜在的替代方案。

---

[1] "黑天鹅"事件（Black Swan Events），指极不可能发生，实际上却又发生的事件。它主要具有三大特性：1.这个事件出现在一般的期望范围之外，过去的经验让人不相信其出现的可能；2.它会带来极大的冲击；3.事件一旦发生，人们会因天性使然而作出某种解释，使该事件成为可解释的或可预测的（此非要件，仅满足前两者即可称之为"黑天鹅"事件）。——编者注

灾难资本主义：苦难的工业综合体

　　新自由主义的做法不仅为灾难创造了条件，更从灾难中获利。灾难来临的同时，也带来了市场机遇。侵略、战争、政变、内乱和自然灾害为新自由主义思想和实践的扎根提供了物质条件。伴随集体冲击而来的社会混乱和迷失，使得全盘干预成为可能。反抗力量薄弱，民众绝望。因此，在 2004 年印度洋海啸之后，斯里兰卡的渔业社区不得不腾出他们的海滨地产，用于酒店开发。就在几个月前，政府曾试图将公共事业私有化，但因遭到公众的反对而作罢。海啸一来，私有化议程也变本加厉，卷土重来。美国国务院宣布，西图公司"负责斯里兰卡基础设施项目的全面管理"（Quoted in Klein，2007a:56）。同样，卡特里娜飓风过后，新奥尔良的居民也被要求放弃公共住房和学校教育。纳奥米·克莱因（Naomi Klein，2007a:56）把这种超级掠夺性的活动称为"灾难资本主义",在这种情况下,"灾难是极端私有化的实验室"。自由市场原则得到拥护,这些原则以牺牲有组织的劳工和公共利益为代价,推动了资本和公司权力的发展。

因此,克莱因(2007b:408)反驳了一个长期存在的观念,即"当我们齐心协力使国家进入高速发展阶段时,灾难却按下了竞争激烈的资本主义的暂停键"。卡特里娜飓风的发生断然否定了这一点。在新奥尔良,城市已经被掏空;防洪、公共交通和医疗保健资源出现系统性的短缺。而当灾难来临时,恢复工作被外包给了企业承包商。在众多资源转移的情况下,人们被迫放弃一些东西。而事实也确实如此,企业的福利是有代价的。在新奥尔良市,数以千计的市政雇员和教师失业,与此同时,国会还从联邦预算中削减了 400 亿美元。除了路易斯安那州的公共服务和公共教育之外,公共福利事业也受到了影响。国家的医疗补助和食品券预算也被大幅削减。

谈到重建,克莱因认为,真正的工程项目是社会性的——最终目标是为公司创造一个安全的环境。她认为这相当于建立了一个平行的国家,在这个国家里,私营部门接管了传统上由政府履行的职责。企业提供基础设施、住房和保障。但在公共部门和私营部门之间有关键性的区别。国家保护人民的职责是毋庸置疑的,其目的是减轻人类的痛苦。在保护人民的过程中,公司寻求利润,盈利是企业合法性的基础。国家对公众负责,政治家是由公众投票选出的,他们必须对选民负责。而公司则不同,它的运作是不透明的。如果说它要对谁负责,那只能是对其股东。

"众目睽睽之下，纳税人数十亿的钱被用于建设私有化的救灾基础设施：肖氏集团（Shaw Group）最新的巴吞鲁日总部、贝克特尔的土方设备营、美国黑水公司在北卡罗来纳州占地 6000 英亩（约合 24 平方千米）的园区 [包括准军事训练营和 6000 英尺（约合 1829 米）的跑道]。"（Klein，2006）

但 "有些事情只有通过大型公共机构，以集中组织的方式才能完成"（Reed Jr.，2006:26）。可以说，救灾就是其中之一。当转移到企业界时，竞争取代了合作、协调和沟通。此外，公共产品，如基础设施建设，属于大规模的项目，最好由国家来完成。这不仅是因为它们规模大，也因为它们需要管理、维护和保护（Harvey，2014:43）。私营供应商往往不愿意解决或无法解决好灾后问题。例如，新奥尔良的电力供应商安特吉公司的年收入为 100 亿美元，综合资产基础甚至是这一数字的 3 倍（King，2006:31），但在卡特里娜飓风之后，该公司立即寻求 7.18 亿美元的政府资金来运行和重建其基础设施。他们宁可让纳税人来埋单，以保住股东的丰厚利润。我们可以想象一下未来灾难发生后的情景。美国中部新马德里地震带的地震威胁着七个州：阿肯色州、伊利诺伊州、印第安纳州、肯塔基州、密西西比州、密苏里州和田纳西州。1811 年和 1812 年，美国历史上有记录的最大地震发生在这一地带。灾害专家预测，如果这里发生 7.7 级地震，将损坏 42.5 万条管道（Tierney，2014:86）。你认为私营公司会在不求助于政府援助的情况下对这些管道进行修复吗？

我们需要记住，这些承包商的绝大多数资金来自国家，那些练达的前行政人员、政治家和士兵也是如此。这种将职能移交给私营部门的战略既是意识问题，也是政治问题：相信私营部门的效率更高（鉴于合同往往发给缺乏清除废墟和建造应急营地等相关经验的公司，这种说法值得怀疑），也相信投资会有回报。虽然许多企业在竞选捐款方面都会两边下注以避免损失，但"巴格达帮"——贝克特尔、黑水公司、西图公司、福陆公司、哈里伯顿公司、帕森斯公司——则不同。它们从伊拉克战争中获益颇丰，继而又从卡特里娜飓风中捞取丰厚利益。他们在竞选中的捐款绝大多数给了大老党①。不过，他们还支持倒退的社会事业，其目的是使多数人受穷，而使少数人获利。他们的目标是保障自身工作的机会、可持续性和自主性，而极力反对的是工会、环境和女性的人身权。

米尔顿·弗里德曼（Milton Friedman）的作品，给这场"震惊与敬畏"的运动注入了思想动力。在卡特里娜飓风中，这位芝加哥学派的核心人物和全球市场的拥护者看到了彻底改革教育体系的"机会"（Friedman，2005）。他认为新奥尔良的公立学校之所以失败，原因很简单，因为它们是由政府管理的（政府的做法被莫名其妙地比作前苏维埃政权的做法）。有效的做法是向消费者（学生）的父母发放代金券，然后在他们就读的学校兑现。如此，更多的私营部门参与到教育事业中来。其他一些人也看到了推动灾害资本主义事业的机会，他们的"解决方案"，如同联邦紧急事务管理署从哈里伯顿公司采购的活动房屋一样，是预制的、有毒的。2005年9月13日，众议院共和党研究委员会副主

---

① 大老党（the Grand Old Party），美国共和党的别称。——编者注

任、众议院议员保罗·S. 泰勒（Paul S. Teller）向众议员发出了一封题为"应对卡特里娜飓风和高油价的自由市场理念"的电子邮件。卡特里娜飓风过后，该公报呼吁在受灾地区建立一个"统一免税企业区"，暂停生活工资立法，免除一些税种（死亡、资本收益、股息率），取消所有建筑材料的关税，取消环境监管（《国家环境政策法》和《清洁空气法案》），在美国北极国家野生动物保护区等受保护的自然保护区进行钻探。虽然目前尚不清楚这对恢复社区有多大的作用，但对提高企业的盈利能力肯定大有裨益。

应对灾难：卡特里娜飓风后的重建

温可妮·亚当斯还观察了卡特里娜飓风后灾难资本主义在新奥尔良是如何运作的。她发现，人道主义援助的出发点是盈利，而不是人类福祉。将重建工作分包给安保公司的做法削弱了地方当局的影响力，导致大部分真正意义上的恢复工作落到了志愿团体（通常是基于信仰的人群）身上。"每个人都会告诉你，如果没有志愿者，新奥尔良就不会恢复原貌了。"（Adams，2012:202）在这个事件中，企业和国家共谋，而不是国家卸下所有责任，单由市场来解决问题。在外包的世界里，接受国家慷慨资助的企业可能并没有资格来承担它们所承担的工作，这使得非公开投标和无投标合同比比皆是。结果是，市场什么都没解决。就卡特里娜飓风而言，如同1995年的芝加哥热浪一样，由于选择了没有救灾经验的私人军事服务公司[①]，情况明显恶化。

美国联邦紧急事务管理署为墨西哥湾沿岸无家可归者建造了 35000 栋活动房屋。2009 年，管理署为居住在这些活动房屋中的人提供了购买这些房屋的机会，价格为 25000 美元。据悉，哈里伯顿公司和柏克德公司建造这些活动房屋时，持有无投标合同。每座活动房屋，州政府向它们支付 22.9 万美元的费用。这并不是企业高收费的唯一例子。另一个布什竞选活动的捐助者凯尼恩国际紧急服务公司获得了一份无投标合同，负责打捞尸体。他们总共打捞了 535 具尸体，向路易斯安那州收取了 600 多万美元的费用。对每具尸体的处理，州政府支付给该公司 12500 美元，而这些处理工作实际上都是当地殡仪馆免费做的。紧急救灾服务部门似乎对救灾人员支付了每次 100 至 279 美元的餐费账单。克利尔布鲁克有限责任公司可能多收了 300 万美元的服务费。肖氏集团向联邦紧急事务管理署收取了每平方米 175 美元的费用，用于在受损的屋顶上安装防水油布，而防水油布实际上是由政府提供的（Klein，2007b:412）。全球农情遥感速报系统（CorpWatch）的一份报告显示，肖氏集团已经从美国联邦紧急事务管理署、美国环境保护局和美国陆军工程兵团的政府合同中拿到了 7 亿美元（King，2006:3）。《华盛顿邮报》对卡特里娜飓风合同的研究数字表明，由于政府埋单，实际费用被夸大了 40% 至 1700%（Hsu，2005）。

就活动房屋而言，国家希望挽回损失。后来人们发现，柏克德重复

---

① 私人军事服务公司，是专门提供安保武装力量的私人公司。虽然可能包含了交战人员、雇佣兵等，其提供的部分服务内容也与雇佣兵相近，但不能将二者混为一谈。私人军事服务公司可能更多是负责非战场前线的后方安全。——编者注

收取预防和补救措施的费用，使纳税人多花了4800万美元。它还触犯了联邦收购法规，并因错误估计服务成本而被查处（Adams，2012:195）。温可妮·亚当斯、塔斯林·范·哈顿（Taslim Van Hattum）和戴安娜·英格利什（Diana English）质问道："人们不禁要问，如果政府将支付给活动房屋的23万美元直接给居民，而不是给哈里伯顿，可能会带来什么好处呢？"（2009:628）购买提议后来被撤回，因为活动房屋的甲醛含量被发现已达到危险水平。海地地震后，克林顿基金会将向海地运送的密封、经压力处理和甲醛吸附处理的活动房屋作为学校和飓风避难所，这与联邦紧急事务管理署的建议形成了鲜明的对比（Doucet and Macdonald，2012）。

亚当斯将"回家之路"方案视为评估私营救灾效率的一种方式。该方案由路易斯安那州重建管理局制定、ICF国际公司管理。该公司赢得了一份非公开投标的无竞争合同。方案的目的是提供高达15万美元的补助，以帮助弥补房屋维修的保险赔付缺口。但补助对象并不包括租客。这导致了劣势的种族化："大部分黑人是租客，租客中的大部分是黑人。大约90%房屋被损毁的租赁人群都是低收入群体。"（Reed Jr.，2006:27）

对于那些仍然符合条件的人来说，申请过程困难重重。证明所有权并不容易。许多人在洪灾中失去了一切。"回家之路"计划并没有让事情变得简单。宣誓书和财产税记录都不足以充分证明所有权。管理人员似乎缺乏必要的工作经验，所以申请者不得不周旋于众多经办人之间，应付一大堆繁文缛节进行谈判。整个申请过程多达67个步骤，居民们把它改名为"地狱之路"计划。大多数人第一次申请遭到拒绝，甚至第二次也被拒绝。很少有人得到足够的资金，即使得到资金也寥寥无几。法院后来裁定，该计划对非裔申请者持有偏见。

到 2008 年底，即飓风过后三年，尽管有些人从该项目中受益，但仍有近三分之二的资金由"回家之路"计划持有。负责该项目的 ICF 高管获得了大约 200 万美元的奖金。尽管身处困境的房主大声疾呼，州长还是祝贺该计划出色完成，并奖励工作人员数百万美元。三年后，当合同结束时，剩下的资金被转移到 ICF 的营利性子公司哈默曼 – 盖纳国际公司手中。ICF 继续获得其他政府合同，其股票不断上涨。如此一来，灾难给公司带来了市场机遇；相反，如果对灾难应对得当，则会削弱公司的盈利能力。因此，救灾资金被扣留，没有全部用于救苦救难，相当一部分被投入到公司运营成本和高管奖金中，或者作为利润保留下来。把资金留给市场，意味着衡量救灾成功与否的最终标准是盈利，而不是结束苦难。"与'市场驱动的利润将在救灾中激发出更好的行动'这一普遍观点相反，新奥尔良的案例表明，利润的高效也与行动的无效挂钩，因为无效使需求得以持续。"（Adams，2012:197）那么，卡特里娜飓风最终揭示了什么？克莱因（2007b:413）认为，这体现了"一个可以利用金钱和种族购买生存机会的、残酷无情而又四分五裂的未来"。

预见灾难：重建卡迪费卡累

森克·萨拉科卢（Cenk Saraçoğlu）和奈斯利汉·德米尔塔 – 米尔兹

（Neslihan Demirtaş-Milz，2014）对土耳其城市重建项目的讨论，让我们进一步认清了灾害资本主义。清理贫民窟通常以减灾为借口，并在灾害发生之前采取行动。在伊斯坦布尔和科贾埃利省，这样做是为了防范地震灾害；在伊兹密尔的卡迪费卡累，是为了消除山体滑坡的威胁。如同克莱因预测的那样，金钱和种族问题在重建过程中凸显出来。这些不同的项目往往遵循这样一种模式：土地从国家利益转移到私人利益，穷人从城市中心转移到外围。在全世界范围来看，"市区重建"似乎是"消灭工人阶级和少数种族群体"的委婉说法。

土耳其的重建政策似乎是私营部门和市政官员之间城镇联盟的产物，他们的共同利益是促进发展和提高租金。但是，这些外围地区私建公寓的潜在租户抱怨说，这些公寓非但没有展现出可持续生活的典型样板，反而设计拙劣、建筑简陋、价格昂贵且生活不便。实际上，曾经的伊兹密尔，住房成本低廉，因而对库尔德移民特别有吸引力。来自饱受战争蹂躏的安纳托利亚东南地区的移民大量涌入，为当地提供了一个强大的支撑网络，而且该地区靠近市中心，就业机会宽广。

2005 年，科纳克城市重建计划确定，卡迪费卡累近 2000 所房屋因面临山体滑坡的危险而不得不拆除，居民被送到位于城市边缘的乌兹恩德新建的高层住宅，总共约 1.5 万人受到影响。虽然当局同意赔偿房主的损失，但证明非正式居住地的产权并不容易。补偿金额也随着官方的意愿而不断变化，导致人们指控腐败。此外，半数居民是租客，这使他们没有资格获得赔偿。

尽管萨拉科卢和德米尔塔－米尔兹质疑山体滑坡在多大程度上可被视为自然灾害，但他们丝毫不怀疑山体滑坡的风险。在他们看来，造成这种威胁的原因是几十年来城市政策松懈，允许随意建筑，长期忽视必要的维护工作，以及缺乏任何真正的、更谈不上持续的减灾措施。萨拉科卢和德米尔塔－米尔兹还对干预的时机提出质疑。这种风险已经存在了 40 年，但直到土地价值上升、城市劳动力需求减少后才采取应对措施。在做出防范这一自然灾害决定的同时，官方将卡迪费卡累视为该市的污点，并竭力重新塑造伊兹密尔的形象，以吸引私人资本投资、促进旅游业发展。卡迪费卡累是整体形象提升战略的一部分，将被打造成城市中心一个令人向往的新绿地。因此，穷人将无处容身。就在这时，山体滑坡即将来临的威胁被炮制出来。应对这一威胁是绝对必要的——别无选择。这只是一个自然问题的技术解决方案，它"被用作一种意识形态的说辞，活动家、民间社会组织和城市专家就伴随着城市重建进程的推进而将出现的社会问题所进行的辩论和质疑被忽视，他们的努力受到了阻碍"（Saraçoğlu and Demirtaş-Milz，2014:184）。

在这种情况下，城市重建意味着人们无法选择居住地，无法选择和谁住在同一社区，也无法居住在自己的工作地点附近。具有讽刺意味的是，强迫拆除和强迫迁移方案（他们的第二个方案，已经逃离饱受战争蹂躏的地区）导致住房更加昂贵，社区解体，除了使受影响的人更容易受到风险影响之外，毫无用处。

新自由主义与事件逻辑

在本章中，新自由主义是核心议题。我们探讨了新自由主义在组织灾害方面的作用，以及新自由主义的逻辑如何影响减灾和救灾（带来灾难性后果）。本章余下的两节继续这一主题，将新自由主义的逻辑延伸到当代慈善、名人、人道主义和受害者。新自由主义范式的底线是，资本流通和资本积累享有最高特权，而政治受到压制，从这一制度中产生的结构性优势被掩盖。

20世纪60年代末，盖伊·德波（Guy Debord）提出，我们生活在一个景观社会中，这是一个媒介化的世界，在这个世界里，生活是被代表的，而不是被生活的。它的最终目的是通过消费来实现社会凝聚力。和谐被颂扬，统治被掩盖。这些景观不单是对世界意识形态的扭曲，也不仅仅是通过媒体技术传播的选择性图像。它们本身就是一种力量，是我们生活的结构原则。通过新闻、广告和娱乐中的这些标志，资本主义的生产方式得到了自我保护："这一现象反映了'商品将社会生活殖民化'的历史时刻。"（Debord，1995:29）与有意义地参与社会生活相比，顺从和被动消费受到更多鼓励。自德波时代以来，这种消费主义的思想愈演愈烈。

大卫·哈维（2014:236）阐释了景观主导的意义：这些事件超越了资本积累的物理限制，缩短了商品的寿命。由于是昙花一现，它们可以不断地被更多的景观所取代，而这些后来的景观也同样是即时消费。克里斯·罗杰克（Chris Rojek，2013）认为，"公关媒体中心"安排当今社会现实的事件时，逻辑是这样的：它们将生活呈现为一系列的灾难、事件、景观和紧急情况，而忽略了其背后的深层原因。权力关系和统治机制及其模式和持久性仍未得到证实。因此，社会意识与现实的关系是偶然的。

这些事件在当代世界发挥着重要作用，影响着公众的情绪、全球传播和政治行动。虽然德波强调消费的乐趣，回避有争议的社会问题，但灾难同样也可以被商品化。事实上，凯文·福克斯·高谭（Kevin Fox Gotham，2007:82）通过对卡特里娜飓风相关媒体报道的实证研究，认为：

> 在当代，灾难正在成为一种具有娱乐特征——例如，短暂性、碎片化、即时性和强烈的戏剧性——的景观模式，这种娱乐特

征决定了悲剧事件和灾难的表现形式。随着跨国公司、国家机构和社会运动为影响资本主义发展的轨迹而斗争，景观和娱乐已成为争夺图像、代表权和文化控制权的主战场。

因此，我们看到事件逻辑在灾难时期发挥作用。值得注意的例子包括：为救助埃塞俄比亚饥荒而举办的"拯救生命"音乐会（1985）、旨在消除全球贫困的大型扶贫音乐会"Live 8"（2005）、印度洋海啸慈善赈灾音乐会（2005）、卡特里娜飓风赈灾音乐会（2005）、为提高对全球环境问题的认识而举办的"Live Earth"音乐会（2007），以及海地地震后的赈灾音乐会（2010）。

对于罗杰克来说，事件逻辑受新自由主义逻辑影响，它利用"荒谬的能量"来解决全球问题。在此，芭芭拉·爱泼斯坦（Barbara Epstein，2013:81）对抵抗和社会变革进行了有益的区分。抵抗是对立的，它导致抗议和景观。它的模式具有戏剧性，甚至是戏谑的。相比之下，变革会引导我们奔向更美好的未来。这样的导向是新自由主义政策中主体性的表征。它的解决方案是企业市场机制。事件的发展依赖于个人行动和自愿慈善，而不是结构优势（另见 Harvey，2014:160）。他们有充分的理由这样做——他们的赞助商通常可以从现状中获利。正如哈里·布朗（Harry Browne，2013:87）指出的那样，"Live 8"的主要支持者包括大型跨国公司、矿业公司和国防承包商，活动人士指责他们存在一系列社会弊端——从侵犯人权到破坏环境。布朗（2013:6）也同意新自由主义的观点，但又将其进一步推进：在过去的 20 年中，出现了一种新的全球新殖民主义治理形式，在这种治理形式中，西方利益集团（强大的国家、慈善基金会、跨国组织、跨国公司及其名流头目）以人道主义为幌子，削弱了民主和国家主权。而对于这些负面的结果，在娱乐（筹款）另一端的参与者们从来没有看到过。因为在另一端，情况截然不同。例如，经济和政策研究中心（CEPR）指出，在地震后的海地，只有 2.5% 的资金流向海地企业，而大部分的援助又回到了跨国公司或海地当地的小精英手中（Schuller and Morales，2012:76），从而"使海地人失去了自己悲剧的自主权"（Doucet and Macdonald，2012:79）。

慈善—工业综合体

布朗（2013）将波诺（Bono）视为名人慈善事业的典范：他是世界上最主要的非洲援助倡导者之一，是目前最大乐队的主唱，能够进入唐宁街和国会山以及世界媒体，从而与西方企业和政治精英建立联系。他所处的地位非常理想，可以发挥积极作用。尽管如此，布朗发现，波诺在进步的社会正义方面的影响还是微乎其微。布朗的长篇研究报告追踪了波诺的言行（包括乐队臭名昭著的避税行为），对他提出了严厉的批评：

作为一个公众人物，近 30 年来……波诺经常夸大精英言论，鼓吹无效的解决方案，轻视穷人，而对富人和权贵阿谀奉承。他一直在制造、复制一种方式去看待发展中国家，特别是非洲。这种方式只不过是传统的传教和商业殖民主义的巧妙结合，在这种方式中，贫穷世界作为富裕国家要完成的任务而存在。（2013:4）

这让我们了解到名人的真正价值：自我宣传和商品销售，强化世界的现状而不是帮助它成为应有的样子。虽然这样的立场可能显得过于苛刻，但最近的研究却赋予了它现实的意义。分组座谈、自我报告日记和关键线人访谈证实，名人慈善事业的最大受益者是名人。（在某种程度上，这也不是什么新鲜事——"现场救援"很快被批评人士重新命名为"自我救助"。）相比之下，慈善机构和他们的救助对象所获得的利益是微不足道的（Brockington and Henson，2014；Scott，2014）。不过，愤世嫉俗的人也可以在这里补充说，慈善和慈善事业的最大受益者是捐赠者、慈善机构和慈善家，而不是预期救助对象，后者往往只得到人道主义援助的一小部分。

这些观点在《纽约时报》（2013）的一篇专栏文章中得以充分体现。文章的标题是"慈善—工业综合体"。尽管慈善事业蓬勃发展，但不平等现象仍在蔓延，穷人获得救助的希望十分渺茫。典型的慈善行为被作者斥为"慈善殖民主义"：一个对当前问题不熟悉的外来富人试图带着钱来挽救局面，但以失败告终。作者认为，这些做法的真正受益者是那些富有的捐赠者，他们沉溺于"良心洗黑钱"之后，晚上可以睡个安稳觉。如今慈善机构的真正问题在于，它试图将地球上的穷人改造成消费者，但他们唯一的归宿却是全球经济秩序的最底层。充其量，他们也只能是被锁定在一个只会进一步剥削他们的体系中。出于这个原因，小额信贷和金融知识培训项目也被取消，因为无论其意图如何，它们的结果都是终生"负债和连本带利偿还"。如果这只是一个独眼革命者的言论，它们可能就没有那么重要了。但它们来自诺沃基金会（NoVo Foundation）主席彼得·巴菲特（Peter Buffett，2013）。他是沃伦的儿子，沃伦被认为是 20 世纪最重要的投资者，也是世界上最富有的人之一。

那么，当我们向慈善机构捐款或参与它们的特别活动时，我们到底在做什么呢？像罗杰克一样，布朗（2013:87）指出了这种"慈善娱乐"的一些新颖之处：一种"商业消费与伪行动主义相结合的模式"。罗杰克（2013:101）认为，它们是"筹资、道德规范和行为劳动的主要社会机制，利用游戏和休闲作为解决社会和经济问题的资源"。这样做，短暂的美好和乐趣优先于纠正错误的长期承诺（Rojek，2013:14）。活动参与是建立在个人化的情感展示基础上的："宣泄、情感主义和暴露主义……调动了一种社会超越感。"（Rojek，2013:20）在这些具有包容性的、感觉良好的场合，所有人都是受欢迎的，身处其中既是一种价值的衡量，也是一种形式的验证。当然，怜悯的对象永远不可能出现，人们必须小心翼翼地控制曝光的痛苦程度，以免使情绪过于低落。这就引出了一个问题：音乐会是为了谁？音乐人达蒙·阿尔伯恩（Damon Albarn）注意到英国"Live 8"音乐会上黑人艺术家明显缺席，他说："如果你

是代表人民举办派对，那么你肯定不会对他们关上大门。"（Quoted in Browne，2013:84）

活动组织者的目的是提高当下问题的可见度，并借助名人的力量，培养全球社会意识（另见 Debord，1995:38—39）。为了达到他们的目的，即使是为了应对诸如饥荒或洪水等无可争议的坏事，事件传递的潜在信息也总是振奋人心的。它所传递的信息是：社区是强大的，我们可以团结一心，改变现状。因此，我们听到了一些有价值的劝告，例如，让贫穷成为历史。这些精心策划的活动创造了一种虚幻的社区感。它们似乎是对全球问题的无国家解决方案，这些问题仅靠人民的力量来解决：我们是"团队世界"（Rojek，2013:vi，原文强调）。

那些在场的人，也就是那些负担得起入场费的"良心消费者"，会表现出"奉献行为"（Rojek，2013:xi）。这是一种承诺，即给予金钱，并将荒谬能量转化为道德行为，从而使世界变得更好。同样，布朗（2013:78）在这个慈善假象中这样评价非洲：它变成了一种使命，一种西方项目，一种心怀善意的人致力去做的事情（其背后是一种隐含的信念，即拯救非洲的力量不会来自内部）。罗杰克（2013:139）将奉献行为与"姿态经济"（gesture economy）相提并论：表示你关心、认同这个事业，并致力于它。虽然它们无疑都是行动，但这些行动是否比语言更有说服力值得怀疑。广泛参与却不进行有意义的变革，最终会强化现有的消费和政治控制模式。

在解决这些全球性问题时，公共问题被当作个人问题来"解决"。

因此，全球事件的真正产物是"同情意识"（Rojek，2013:26，原文强调），它们的真正价值是治疗性的：人们因为参与其中而感觉更好。但是传递个人的同情并不能代替有意义的结构性转变，而就这些事件的最终结果而言，它们最终会分散人们对世界紧迫问题的注意力（Rojek，2013:45—46）。

人们很容易把矛头指向邪恶的跨国公司，但是我们呢？据报道，2005年7月2日有30亿人观看了"Live 8"音乐会，但又有多少人做出了永久性的生活方式改变呢？不过，个人的购买决定还是很难影响系统性的变革。当个人形成集体，当消费者像公民一样行动时，真正的改变才会到来。如果说历史给了我们什么启示，那就是：强者不会自愿放弃优势和资源，只有被要求放弃。因此，协调一致的公共政治行动是变革的关键。

通过意识的提高和集体行动，一些潜在的积极因素浮现出来。但这一切都被神奇的思维所破坏：过程被表征为事件；表现伪装成抵抗；感觉良好等同于行善；事件参与取代结构转型；原因和情绪取代了原因和结果。

新自由主义与受害者心理的逻辑

　　与慈善机构和慈善支持一样，理论家们认为，受害者的逻辑也同样受到资本的流通和积累逻辑的影响。在灾难时期，受害者以一种特殊的方式被呈现出来。在《脆弱的绝对》一书中，齐泽克（2000:54—63）揭开了这种受害逻辑的面纱。在他看来，世界政治强调的根本问题是资本自由流动的必要性。据此，灾难最终会揭示资本的真实面目。我们的时代以新自由主义的盛行和奥威尔式的"军国主义人道主义"的兴起为标志。两者都服务于经济和战争的非政治化，凌驾于国际法和国家主权之上，任何事情都不能妨碍资本流通。[他在这里引用了秘密的《多边投资协定》和北约轰炸南斯拉夫的例子。我们可以参照《跨太平洋伙伴关系协定》（Trans-Pacific Partnership，简称 TPP）和无人机战争的扩散，来更新和升级这些协议内容。] 也可以说，新自由主义通过将公共问题私有化，将公民转变为消费者，实现了政治的非政治化。德波也提出了类似的观点：在景观社会中，旁观者被描绘成"失去行动能力的被动窥视者，被剥夺了积极参与政治生活的能力"（Quoted in Orgad and Seu，2014:12）。正如我们将看到的，受害者也是如此。

尽管齐泽克认为，世界上的灾难应该被适当地界定为政治斗争，但它们却被重塑为道德问题，并被呈现为人道主义灾难。在这种情况下，一个理想的主体——受害者——被剥夺了所有的政治身份（另见Hannigan，2012:42—58）。媒体将他们看作受难的对象而不是作为人类的主体。他们没有任何议程，他们的命运只是受苦而已。在每一个例子中，他们都被描述为环境中无能为力的受害者，而不是系统性暴力的受害者。

因此，詹妮弗·彼得森（Jennifer Petersen，2014:46）在调查美国黄金时段对 2010 年海地地震的新闻报道时，考察了 NBC 和 CNN 的评论、构架和内容编辑。她观察到，这个行业坚持按部就班，符合一连串相互关联和陈旧的固有观念——危机和灾难是意料之中的；该国是西半球最贫穷的国家，复原力低下——国家的作用微乎其微；专家只能依靠外援；复苏前景暗淡。海地的普通民众和他们的政治代表几乎没有机会表达他们的关切。而代表他们发言的却是国际援助机构和军事当局，显然，这些机构更受当局青睐。

对灾害的报道中，最值得注意的是，媒体并没有对造成灾害的原因进行报道。屡次提到国家的软弱，却不考察国家力量是如何被削弱的；

频频提到海地缺乏发展，却不提海地到底是如何陷入这种系统性的不发达境地的（见我们在第二章的讨论）。可以说，关于海地最常见的观点是，它是最贫困的西方国家。可是，它曾是最富有的国家。它到底是如何从最富有的国家变成最贫穷的国家的？同样，这超出了主流媒体的分析范围。美国军队经常被称为海地的救世主，他们带来了装备、组织意识和人力。可是，他们提供的任何帮助最终都是帮助了自己。《信息自由法》公布的材料显示，在美国国际开发署支付的 11 亿美元中，最大一部分给了国防部（Haiti Justice Alliance，2011）。

海地是世界上最开放的经济体之一，也是私有化程度最高的经济体，是新自由主义的真正实验室（Hallward，2010a:330）。它向灾难资本主义的掠夺敞开了大门。一个地方买办阶级统治着这个最不平等的国家，它现在完全依赖于海外的力量和资金，尤其受制于美国。只有暴力能保住当地精英的统治地位，改变的前景并不乐观。霍尔沃德（2010a:8—9）指出，"太多强大的利益集团与海地的贫困有利害关系，因此，不能让它在短期内改变"。他列举了国际债权人和商业利益集团、美国农业综合企业、慈善机构和海外雇主的例子，他们从海地侨民的廉价劳动力中获利。

还应指出，就媒体和政治精英而言，受害状态是永久的。理想的受害者被锁定在全球秩序中，是被动的、非独立的〔同样，受众研究为这些观点提供了实证支持——参见比尔吉塔·海尔（Birgitta Hoiier，2004）。他指出，那些理所当然的受害者有着完全相同的"主导性受害者代码"]。他们清楚自己的处境，却无法逃脱。那么活该成为受害者的便是那些永远处于受害者地位的他者。一旦他们脱离了指定的角色，就会立即成为威胁：抢劫者、恐怖分子、罪犯、极端主义者。"这种受害的意识形态——大多数时候不为公众所见的模式，也正因如此，更不可避免地——正是资本的真值发挥了它的作用。"（Žižek，2000:60）比起拯救受害者的意愿，齐泽克（2002:68）发现，更具说服力的道德考验是：首先力求摧毁使人们成为受害者的条件。这迫使我们考虑资本主义的日常运行和灾难的产生，因为如果不加控制，公司将允许平托再次上路。企业家将把安然的创新带回来，而这个系统将确保小行星坠落到地球。

第七章

政治经济II：资本主义即灾难

资本主义制度无非是"以灾难为基础的经济的巧妙发展"。无论是偶然还是有意，人为还是天灾，资本主义都要求破坏物质人工制品（死劳动），以便活劳动能够取代它们。

资本主义：偶然的制度

长期以来，社会学家认为历史不仅仅是集体意志的胜利，也不仅仅是伟人或伟大思想的统治。自社会学思想史诞生以来，一个反复出现的主题就是社会行动的意外后果。马克思关注辩证法和矛盾，因而被认为对意外后果感兴趣（Elster，1985）。个体行为和整体设计之间存在显著差异，每个人都有愿望，并依据各自的愿望行事，这一切的聚合决定了最终的结果。在某些情况下，就像政治经济最重要的定律之一——利润率下降的趋势一样，个体行为者提高利润率的意图恰恰导致了利润率的下降。相对于劳动力（可变资本），增加对固定资本的投资可能会提高生产率，但它最终会降低利润率，因为劳动力是利润的来源。相对于整体生产资本而言，任何减少剩余劳动时间的行为都会对利润产生负面影响。乔恩·埃尔斯特（Jon Elster，1985:48）认为，马克思对个人行为所导致的意外集体后果的关注"是他对社会科学方法论的核心贡献"。路易斯·阿尔都塞（Louis Althusser，2006）将马克思主义的偶然性、不可预见性和非预期性的概念提升为一种新的"偶遇哲学"。在这种哲学中，无论是偶遇还是其效果都无法得到保证。它强调偶然性而非必然性和目的论，因而挑战了起源、原因和理性等传统的哲学概念。他将其称为随机唯物主义。

沃尔夫冈·希维尔布希（Wolfgang Schivelbusch，1986:132—133）追问了马克思对意外的兴趣来源。他认为这来自于现代性的一种创伤性现象：技术事故。马克思随后将这一观点投射到政治经济上，尽管真正的唯物主义历史观需要仔细考虑对人和事物的利用。在极端情况下，物质也表现出疲态，如锅炉爆炸和机车轴断裂。在 19 世纪的思想中，打破机器的平衡、破坏能量和抑制能量的方法之间的关系都会导致技术事故。希维尔布希说，同理，马克思认为，打破商品流通中买卖的平衡会导致经济危机。

社会理论家们还声称，现在主导世界的经济制度本身就是一个意外的结果。在《新教伦理与资本主义精神》（*The Protestant Ethic and the Spirit of Capitalism*）中，该学科的另一位创始人马克斯·韦伯（2003）提出，资本主义是宗教教派的意外，是加尔文主义的意外结果。加尔文主义的核心信条是预定论，即上帝选择一些人获得永生，而另一些人却不得不面对死亡。救赎之路上，不论是教会还是圣礼都无法相助。每个人都是孤单的个体。信徒们被告诫只能相信上帝，其他任何人都不可信。

但这其中最大的焦虑源于无法得知自己能否获得救赎。既然如此，那应该怎么做呢？

牧师会告诫说，个人要永远坚信自己是被选中的那一个。哪怕丝毫的动摇，便意味着失去了信仰，只有魔鬼才会去怀疑这一切。只有在这个世界上努力工作，才会对被救赎产生信心。人们通过这样的措施，来换取"恩典的确定性"（Weber，2003:112）。对加尔文来说，投身于工作是一种内在的召唤。要想得到上帝的恩宠，就必须苦行，并且勤奋劳作。劳动就是侍奉自己的父兄。这种强大的心理强迫、不断奋斗和自我调节促成了一种类似商业的宗教和生活方式。韦伯（2003:17）认为，资本主义起源于这种清教徒式的心态，是"现代生活中最具灾难性的力量"。

韦伯的著作（2003:181）以预言式的警告收尾。他指出，资本主义的本质就是追求利润，但这为最不幸的意外后果创造了条件。在某些时候，它将与生活本身发生冲突。首先，我们彻底被资本主义的产品——物质产品所支配。其次，如果不加以控制，这个系统将继续生产越来越多的产品，直到地球被掏空，带走所有生命，"也许直到燃尽最后一吨煤才会停止"。

新自由主义之前的灾难资本主义

哈利·埃斯蒂尔·摩尔（Harry Estill Moore，1958）的《得克萨斯上空的龙卷风》（*Tornado Over Texas*）被公认为该领域的经典之作。摩尔在工作上一丝不苟。他的研究采用了多种研究技术，并催生了许多新的研究途径。摩尔也是中立的典范。他并没有任何私心，无意推进自己偏好的理论、方法或政治信息。他只是想讲述 1953 年得克萨斯的两个城镇——中部的韦科和住宅区的圣安吉洛——遭受龙卷风破坏的经历。罗伯特·A. 斯托林斯（2002）对摩尔的文本进行了韦伯式的重新解读。一旦透过阶级、性别和种族的视角来观察，摩尔精心获取的数据便揭示了一个截然不同的故事：这是"一个原始的经济力量，它有着种族、年龄和性别的等级差异，以及一个受地方商业利益和联邦政府摆布的软弱世袭制市政府"（Stallings，2002:286）。利润比人更重要，以痛苦为代价获取利益，成本先于安全，贪婪先于需求，资产阶级优于其他阶级；摩尔的作品向我们展示的其中一个方面是，灾难资本主义的出现早于新自由主义。

摩尔的研究聚焦韦科，这自然也是斯托林斯的关注重点。他的基本观点是，"社会"的恢复根本不是我们想象的那样。相反，复苏是沿着狭隘的阶级优势路线进行的。基本上，资产阶级奋力工作，以确保自己的利益，而不是大众的利益。我们所能期待的仅此而已，因为"资本的驱动力（是）实现利润最大化，促进无止境的资本积累和实现资产阶级权力的再生产"（Harvey，2014:96—97）。

在韦科，市中心的企业受到的影响尤为严重。有近 200 家商业地产被毁，另有数百家严重受损。这些位于市中心企业的企业主也是该市最具政治权力的人："市中心商业利益集团和市政府之间的每一次对抗，似乎都以后者屈服于前者的意愿而告终。"（Stallings，2002:293）他们成功地抵御了来自商业阶层的各种建议，包括来自竞争对手的制造中心和各大公司的地区总部的建议。他们对权力的控制意味着任何被认为是"进步"的东西都可能被阻止，不管是城市分区管理和修改建筑法规，抑或是更新工业区基础设施、建造新的高速公路、升级路面和管道。如果没有直接惠及资产阶级，他们往往不感兴趣。更糟糕的是，有人指控市长及其核心支持者逃避全额缴纳财产税，获得不公平的经济特权。

拥有这种权力也意味着他们在应对危机和从危机中恢复时占了上风。起初，他们谴责军方的搜救工作，抱怨军方将人的特权凌驾于财产之上。当地的权贵质疑他们的优先安排。在搜寻幸存者的过程中，建筑物被进一步破坏。军方在营救行动中阻止企业主抢救财物，导致反对情绪高涨。接着，在救援任务结束后，又出现了新的抱怨：军方为了保证材料结构安全，进一步破坏了建筑和其中的货物。由此引发的法律诉讼威胁，足以叫停军事行动，军方唯恐避之不及。在法律手段的威胁之下，该市拆除了不安全建筑的警告标志。他们担心，如果法院后来认定这些建筑为安全建筑，本不必要拆除，他们就会被起诉。所以，韦科没有不安全建筑。商人们还会赢得城市垃圾场的回收权，以回收未受损的物资。

商业阶层建议对疲惫不堪、现已严重受损的市中心地区进行全面改造，但被否决了。他们倾向于快速修复，并且修复成本低廉、不符合建筑法规。有人认为顾客没多少钱，昂贵的重建费用意味着成本转嫁到贫穷的顾客身上，经营利润也会大大减少。但无论哪种方式，业主都会被赶走，顾客也会失去购物的地方。一位评论家说，这些新建筑建造仓促，往往是将旧建筑的一部分合并在一起，是"墙和屋顶随时可能倒塌的死亡陷阱"（Quoted in Stallings，2002:288）。

此外，韦科还成立了救济委员会，负责分发为受灾者募集的资金。该委员会刚刚成立，没有任何救济工作经验，因此，它征求了红十字会的意见，并很快决定补充红十字会提供的资金，并向被红十字会拒绝的人（如雇员超过 3 人的企业主）提供经济援助。红十字会的大部分资金都流向了家庭和房主，而救济委员会的大部分资金却流向了市中心商业。

红十字会收到了 27.5 万美元的捐款。这与韦科救济委员会获得的 2600 万美元相形见绌。韦科救济委员会将 48% 的资金用于恢复商业，7% 用于更换损失的商业货物，并向捐赠货物（如工具）的人和出租物业的业主提供额外补助。摩尔还报告说，在赔偿和医疗保健方面，非裔美国人受到次级待遇。

灾难性的资本主义：剥削活劳动，毁掉死劳动

　　如前一章所详述，为了看清灾难资本主义的真实面目，就必须看到灾难资本主义从灾难的预期、灾难的制造和灾难的"恢复"中获利。事实上，资本家总是希望从（已经或即将发生的）灾难中获利。全球变暖就是一个很好的例子。美国国家政策分析中心宣布了商业方面的利好消息：二氧化碳水平的增加会提高农业产量；阻碍生长的霜冻会减少，生长季节将延长（Burnett，2014）。北极冰层融化后开辟的新航线（以及新的海床开采）可以赚钱，冰川退缩导致的格陵兰岛矿产钻探、灾难模型化服务、销售"巨灾债券"、气候保险、天气期货和天气衍生产品、低碳能源技术和碳交易等方面都可以赚钱。关于最后一项，气候交易所首席执行官理查德·L·桑德尔（Richard L. Sandor）预测，我们将"看到一个全球市场，碳将毫无疑问地成为世界上最大的非金融

商品"（Quoted in Carr，2009）。他预计每年的交易总额将达到 10 万亿美元。全球变暖还可能引发另一场粮食危机。一些国家的土壤会随着气候变暖而变得更加肥沃，这就会导致一些国家对土地的掠夺。一名美国国际集团前大宗商品交易商目前在苏丹南部拥有 100 万英亩（约合 4047 平方千米）土地，并希望将持有的土地翻倍。有人认为，"灾难资本主义"这个词难以全面概括目前的做法，"超级灾难资本主义"应该更恰当（Funk，2012:62）。

那么，现在是时候考虑一下这个问题了：日常资本主义的运作方式本身就是灾难。资本主义是一个充满矛盾的体系。哈维（2014）的著作中详细描述了它内部的 17 个基本矛盾。马克思（1965:457）的一个独到见解是，资本主义是一个内在危机多发的生产体系，它的运行超出了集体的控制，容易出现繁荣与萧条、积累与损失的循环，尤其对工人来说，更是充斥着生存焦虑。在《资本论》第一卷（1990:363—365）中，马克思提到了 3 名伦敦铁路工人的故事，他们在一次导致多人死亡的重大客运列车事故后被莫名送上了被告席。陪审团得知，工人们连续工作时间在 14—20 个小时之间，高峰期工作时间更可能是这个数字的 3 倍。疲劳工作不可避免地会导致错误发生。尽管如此，他们还是被指控有过失杀人罪。马克思还提到了消防员和工厂员工，由于轮班工作超过 24 小时，他们发现自己置身于致命的危险之中。人是可任意支配的，而利润不是。这是马克思反对这种经济制度的依据之一。当然，马克思批判资本主义有很多理由：它使财富等同于金钱，把福利视为狭隘的阶级优势；它围圈公地，试图将一切私有化和商品化，并在此过程中掠夺自然资源。

阿马迪奥·博尔迪加将带领我们读懂日常灾难。尽管他曾当面批评约瑟夫·斯大林，并亲自为我们讲述这些故事；尽管他在第三国际中发挥了积极作用；尽管他曾一度领导意大利共产党；尽管他曾与安东尼奥·葛兰西一起在乌斯蒂卡岛入狱，但历史并没有善待他。目前，他充其量只是左派中的边缘人物。葛兰西《狱中札记》(*Prison Notebooks*)中没有他的记录，甚至他的祖国也基本忽视了他，如果有人回忆起他来的话，那也是漫画中一个粗暴而僵化的教条主义者的形象（el-Ojeili, 2014）。然而，我们也应当看到另一个博尔迪加，他引导我们看到资本主义的日常灾难、资本主义对生命的损害 [《谋杀死者》("Murder of the Dead")] 和对生活环境的破坏（森林砍伐和土壤侵蚀）。博尔迪加通过大量环境著作，向我们表明，灾难的积累和资本的积累是相伴而生的。其中，关于波谷洪水的著作确定了所谓的自然灾害的社会根源（1951a）。他的著作也涉及与土地的和谐相处及城市的承载能力（1952）、能源和自然资源的（私人）使用（1953）、重利润而轻生命等主题，而最后一项导致"安德烈亚·多里亚"号沉没、里波拉矿难（1956）以及世界最高大坝被冲毁后所导致的破坏性后果，而大坝被毁的原因是它建在地质不稳定的地区（1963）。

我们借用博尔迪加的研究来展示克莱因所阐释的灾难资本主义的另一面，即资本主义的日常就是灾难。博尔迪加（1951a）曾写过《资产阶级文明的充实与爆发》（"The Filling and Bursting of Bourgeois Civilisation"），内容是关于波谷的洪水的。在这篇文章中，他认为这绝不是自然灾害。他发现这场洪水发生的原因是缺乏技术监督和维护，河堤的维护不到位，缺乏适当的疏浚，存在持续砍伐森林的行为。他认为这与政治制定的优先事项有关，主要是公共工程的预算削减。这也与缺乏监管有关，私营企业自己制定计划、自行选择项目。这些因素结合在一起，造成了更可怕的后果：1963 年，当时粗制滥造的瓦昂特大坝倒塌，皮亚维河谷被淹，2000 人死亡。博尔迪加（1963）再次将该事件解释为一场系统性灾难：技术问题被重新配置为经济问题；利润高于安全，阶级利益高于集体利益。他还补充说，专业的分散导致了专业知识的受限。我们迫切需要的是一个社会大脑来思考这些问题。他从这一事件中得出两个教训：公共福利应置于私人利益之上，要与自然建立和谐的关系。我们必须客观地、从人的角度来衡量事物，而不是从狭隘的经济层面来衡量事物（Bordiga，1963）。利润不应是衡量一切事物（事实上是衡量任何事物）的标准。我们所理解的民主，不过是资本的专制。博尔迪加并不是唯一一个从皮亚维的洪水中吸取教训的人。当联合国教科文组织在 2008 年发起"国际地球年"时，大坝崩塌被列为五个警示故事中的第一个，用来强调地球科学专业知识缺失所造成的灾难性后果。

博尔迪加的《谋杀死者》（1951b）直接将他对事故和灾难的关注与政治经济的概念联系起来。在所有提到的作品中，这是他最具理论性的作品。他在书中指出，资本主义是一种利用人类劳动将物品转化为交换商品的制度。他在书中引用了马克思的话："资本是死劳动，它像吸血鬼一样，只有吮吸活劳动才有生命：吮吸的活劳动越多，它的生命就越旺盛。"那么，资本主义要想生存下去，这个过程就必须持续下去。因此，这种消灭和淘汰是资本主义得以维系的法宝。即使是它的拥护者也承认它的"创造性破坏"（Schumpeter，1994:139）。这种不断改造世界的需要，正是马克思所说的"一切等级的和固定的东西都烟消云散了"的起源。钢带变成了铁锈带；公司"离岸"；工人阶级的社区被贵族化；家庭农场被农业综合企业吞并；新的商业园区和知识中心开张；老企业倒闭。

克莱因（2005）将灾难称为"新的无主之地"。尽管危机可能对个别资本家造成灾难性的后果，但它总是有助于资本主义的发展。每一次灾难都"为资本主义发展的新阶段奠定了基础"（Smith，2010:170）。破坏，无论是内在的淘汰、自然灾害还是战争，实际上都是维系资本主义生命力所必需的。如果没有这些破坏，老旧的工厂和库存就会继续存在，如同市场达到饱和一样，所有这些都会给一个建立在无休止积累基础上的系统带来灾难。这可能有助于解释为什么美国联邦政府在救灾上的支出是在备灾上的两倍（由于极端事件的支出并没有完全计算在内，因此实际差异可能更大）。根据联邦紧急事务管理署自己的估计，在减灾方面投入 1 美元，可以在未来节省 4 美元，但投入减灾的资金在过去十年中却一直在下降（Weiss and Weidman，2013）。一位观察人士指出："我们陷入了一个极其危险的、反复重建劣质系统的怪圈。"（Klinenberg，

2013）

对于博尔迪加（1951b）来说，所有这一切的真正含义是，资本主义制度无非是"以灾难为基础的经济的巧妙发展"。无论是偶然还是有意，人为还是天灾，资本主义都要求破坏物质人工制品（死劳动），以便活劳动能够取代它们。因此，可以说，资本主义做了两件事，剥削活劳动、毁掉死劳动。灾难研究者仍在努力研究对生命和生活条件的系统性威胁，但在 19 世纪中期，弗里德里希·恩格斯（1987:127）在《英国工人阶级状况》（*The Condition of the Working Class in England*）中提出了一个术语："社会谋杀"。

> 如果一个人伤害了另一个人的身体，而且这种伤害引起了被害人的死亡，我们就把这叫作杀人，如果加害者事先知道这种伤害会致人以死命，那么我们就把他的行为叫作谋杀。但是，如果社会把成百的无产者置于这样一种境地，使他们不可避免地遭到过早的、非自然的死亡，遭到如同被刀剑或枪弹所杀害一样的横死，如果社会剥夺了成千上万人的必要的生活条件，把他们置于不能生存的境地，如果社会利用法律的铁腕强迫他们处在这种条件之下，直到不可避免的结局——死亡来临为止，如果社会知道，而且十分清楚地知道，这成千上万的人一定会成为这些条件的牺牲品，而社会还让这些条件存在下去，那么，这也是一种谋杀，和个人所进行的谋杀是一样的，只不过是一种隐蔽的、阴险的谋

杀，这种谋杀没有人能够防御，表面上看起来不像是谋杀，因为谁也看不到谋杀者，因为谋杀者是所有的人，同时又谁也不是，因为被杀的人似乎是自然死亡的，因为这与其说是犯罪，不如说是渎职。但这仍然是谋杀。

如果这一切都发生在昏暗而又遥远的过去，我们或许有理由对这一制度感到乐观，正如哈维（2014:292）所写的那样：

如果把当代的劳动条件，例如孟加拉国的服装厂或洛杉矶的血汗工厂，置于马克思《资本论》中关于"工作日"的经典章节，其中的差异很容易被忽视。把里斯本、圣保罗和雅加达的工人阶级、边缘人和失业者的生活状况，与恩格斯1844年对英国工人阶级状况的经典描述相比较，却很难发现两者存在实质性的区别，这着实令人震惊。

僵尸是我们自己吗？

地球上越来越多的大片区域正在成为"可预见的危险之地"。哈维（2014:255）持有相同的观点：

> 资本生态系统的时间和地理规模呈指数增长，且变化一直在持续。过去的问题通常是局部性的——这里有一条被污染的河流，那里是一场灾难性的大雾——而现在，这些问题已发展为区域性问题（酸沉降、低水平臭氧浓度和平流层臭氧空洞）或全球性问题（气候变化、全球城市化、栖息地破坏、物种灭绝和生物多样性丧失，海洋、森林和陆地生态系统退化，以及不受控制地引入人工化合物——化肥和杀虫剂——这些化合物的副作用未知，对地球上的土地和生命的影响程度未知）。

对于威廉姆斯（2011）和哈维来说，是资本主义把人类推向了彻底的灾难。威廉姆斯用联合失衡大劫难来命名这种"非永久的人间地狱"（2011:150）。他利用僵尸类型电影来说明这个问题。僵尸，作为行尸走肉，实际上反映的是活人的事情。他认为，这些电影揭示了真实的世界，它们谈论种族、阶级和性别冲突等问题。比如，《活死人之夜》（*Night of the Living Dead*）显然是关于种族主义的，就像《死神黎明》（*Dawn of the Dead*）是关于消费主义的一样。综合来看，它们捕捉到了我们这个时代的世界末日情绪：金融和环境灾难，当然，还有它们的不均衡分布。对僵尸题材的一种解读是，它们展示了抽象的资本主义过程是如何在具体的实体上发挥作用的。屏幕上的行尸走肉代表了观众的恐惧。

对威廉姆斯而言，僵尸电影揭示了现实，实际上是说僵尸电影可以有四种表面上的解读：（1）不管外表如何，日常生活中总是存在着一种潜在的野蛮；（2）这种文明已经腐朽至极，因为它建立在过度消费和不可持续性消费之上；（3）僵尸是一个被种族、阶级和性别冲突蹂躏的世界的象征，它们也象征着当下的一些其他焦虑；（4）它们是生命的体现——僵尸电影提醒着人类生命的构成，告诉我们生命终将结束。但这些都是字面意思而非深层解读。实际的灾难也有其表面解读。"例如，卡特里娜飓风中腐烂的垃圾和被谋杀的'劫掠者'揭示了我们'一直以来都知道的'关于美国的贫困结构、种族和城市衰落的东西。"（Williams，2011:150）但威廉姆斯想揭示一些更深层次的东西。

僵尸电影描绘了经济秩序与其塑造的社会现象之间的复杂关系。这一点可以从许多僵尸比喻中得到证实：私人领域的安全与公共领域的危险、内部的敌人——社会变迁过程中充满了危险。你该相信谁？背信弃义的行为反复上演：人必须被杀死。威廉姆斯认为这是日常生活中"厌世"的证据。这里公开的秘密是，我们都希望它发生。我们以看到别人被害为乐。大众文化为我们提供了一个窗口，让我们可以了解无法直接观察或领悟的东西，威廉姆斯（2011:157）写道："这些电影和书籍、大众文化现象和亚文化痴迷，是我们能够得到的对这一现象的整体结构基础的最切近的表达。"

然而，这些文本是以一种间接的、往往难以令人信服的方式来看待日常灾难所造成的损害的。在下一章中，我们将提供另一种更直接、更具体的方法，通过将资本主义的工具用于其自身来思考这些问题。如果说资本主义懂得什么的话，那就是任何东西都有价格（不管是支付这个价格还是将其外部化）。会计实践一直是资本主义的基础（Sombart，1916；Weber，1978）。我们将采用完全成本核算来确定大煤炭集团的真实成本。

第八章

日常灾害：
隐性灾害记录

"历史上最严重的环境灾害并不是石油泄露",而是"我们燃烧的石油、我们燃烧的煤炭和我们燃烧的天然气"。

图片来自Penywise@morguefile.com

泛滥的灾害

我们在绪论和第五章中提到，灾害包含了不同的媒介、规模、速度、强度和时间性。这意味着，当我们"定位"灾害时，我们需要留意一些诱因。由于自然界力量强大，社会外部因素可能会引发灾害（Clark，2011）。灾害也可能来源于由社会和政治安排造成的内部因素（Tierney，2014）。它们可以来自非人类的（即使是人类创造的）超体（Morton，2013），或者更有可能来自超物质之间复杂的相互作用、错位和交会。

试图将灾害限制在特定时间和空间内的做法是违背现实的。现代毒素能够逃过感官编织的帝国，并能在漫长的时间内持续存在；现代灾害也能逃避专家的控制。正如欧洲大部分地区都遭受了切尔诺贝利事故的影响一样，世界各地也都无法逃脱"9·11"事件和福岛核泄漏事件的影响，所有的生物物种（以及许多地球物理过程）正遭受着环境损害的影响。那么，对目前灾害研究人员试图将灾害限制在特定时空内的做法，应该提出质疑。

试图将灾害限制在人类身上的做法也是不现实的。然而，当下普遍认为，灾害必须有人员伤亡："没有人员伤亡，就不存在灾害。"（Susman, O'Keefe and Wisner，1983:265，原文强调）我们的经济系统——它的开采、生产、交换和消费过程——正在以指数级的速度掠夺稀缺的不可再生资源，并造成了前所未有的污染，以致地球的生命保障系统似乎正在逐渐受到破坏。我们人为迁移的泥土比河流带走的和自然侵蚀掉的更多。我们已经在大部分土地上留下了印记，通过水坝、湿地排水、开采和灌溉，水文循环被改变。我们也同样改变了碳和氮的循环。世界正在变暖，海洋正在酸化。这个时代突发的地质状况对人类以外的生命来说也是灾难性的。

然而，在灾害研究中，仍然存在着试图对灾害范围进行限制的严重倾向。世界在变，我们对灾害的定义却没有改变，始终认为灾害是一种景观，是集中在特定时间和空间上的破坏性事件（Fritz, 1961；UNISDR, 2009）。这是有问题的。首先，灾害的定义有助于决定哪些事件应该受到关注，而哪些方面可以被忽略。正如加里·克雷普斯（Gary Kreps）和托马斯·德拉贝克（Thomas Drabek, 1996:131—132）所指出的那样，几十年来，研究一直倾向于突发性的重大灾害。社会理论家讨论灾害时也存在这一倾向。在第二章的开头，我们就注意到贝克对最糟糕的事故的执着、鲍德里亚对毁灭性事件的执着、吉登斯对真正可怕的事故的执着，以及维利里奥对综合事故的执着。像干旱和热浪等缓慢发生的灾害得到的关注要少得多。例如，布莱恩·斯通（Brian Stone，2012:12）在国会图书馆找到了 200 多本关于卡特里娜飓风的书，却找不到一本关于 2003 年欧洲热浪的书。

这就引出了第二个问题：想要找出我们面临的最大威胁，目前的研究走错了方向。相比目前公认的灾害，造成更大损失的是慢性破坏事件（Wisner，Blackie，Cannon and Davis，2003；Marulanda，Cardona and Barbat，2010；Jaime，2013）。正如斯通（2012:12）对上述欧洲热浪描述的那样：

> 据欧盟估计，在 2003 年夏天的 4 个月里，共有 12 个国家的 7 万多公民死于高温引发的疾病。这个数字比第二次世界大战以来欧盟或美国的任何冲突或任何自然灾害（如飓风、地震和洪水）造成的死亡人数都要多。与之相比，2005 年卡特里娜飓风竟相形见绌，造成 1800 人死亡；而与热浪同年发生的、广受关注的非典疫情造成 900 人死亡，似乎更加微不足道……热浪造成的死亡人数之多，相当于美国人经历了 20 多起破坏力与 "9·11" 事件相当的恐怖袭击。然而，全球对这一气候事件的反应在很大程度上是冷漠的。与其他任何事件相比，热浪更能揭示我们生活环境的深刻变化。

（我们将在下文对热浪进行"社会剖析"。）

在第二章中，我们注意到，对景观（如"埃克森·瓦尔迪兹"号石油泄漏事件）的关注分散了我们对日常石油污染及其损害的思考。生态学家卡尔·萨芬娜（2011）在谈到"深水地平线"石油泄漏时也提出了同样的观点："历史上最严重的环境灾害并不是石油泄漏"，而是"我们燃烧的石油、我们燃烧的煤炭和我们燃烧的天然气。真正的灾害性泄漏是每秒、每年、每十年持续不断从我们的尾气管和烟囱中排出二氧化碳。这种二氧化碳的排放破坏了地球的生命保障系统，杀死了极地野生动物，缩小了热带珊瑚礁，溶解了贝类，提高了人口稠密的沿海地区的海平面，危及农业，并威胁到数亿人的粮食安全"。

在这里，现行的经济秩序遇到了它从未遇到过的问题。这一次，它无法提供任何解决方案。资本主义能够很好地应对局部的灾害。正如我们所看到的，灾害也带来了好处。灾害是新的利润来源，也是很好的替罪羊。可以把问题归咎于自然，而不是归咎于制造灾害的系统。但其无情的商品化、扩张和外化成本意味着生态问题已成为全球问题，这些"缓慢的、恶性的退化是重大的问题，但资本却对此准备不足，管理这些问题的新的机构和权力也尚未建立"（Harvey，2014:255）。莱文（Levin）等人（2012）认为，气候变化标志着"超级邪恶"问题的出现，这些问题在本质上存在如下特点：具有时间上的紧迫性，由问题制造方提供解决方案，缺乏任何中央权威机构的担当，并推迟真正有意义的干预措施到未来某个不确定的时间点。

认为灾害既壮观又极端的观点，尚需进一步商榷。灾害的标准定义是，引起广泛关注的突发事件，它打破了社会的常态，导致社会停止正常运作："如果社会常态得以维持，就不会发生灾害。"（Scheidegger quoted in Hewitt，1983:11）灾害使社会冲破了自身的极限，是夸张的社会（Guggenheim，2014:3）。要让社会恢复正常，就需要外部援助。灾害往往按照影响前、影响中和影响后，或按照减灾、备灾、应对和恢复等阶段性模式来解释（Lindell，2011:1—2）。

如果没有破坏，没有末日降临，没有惊天动地的时刻，没有启示，我们该怎么办？如果没有灾害景观，社会没有停摆、一切照旧，便看起来不像、感觉上也不是一场灾害（但在墨西哥湾出现的一系列日常农业实践，造成了面积相当于康涅狄格州的死亡区，这仍然是一场灾害）。然而，出于发生的速度、地点、对象和内容等方面的原因，慢性破坏事件很少引起人们的注意。在这些事件中，本体的安全没有动摇。因此，对于我们自己、我们在世界上的位置、我们的社会或我们的环境，没有新的启示，没有新的意义，没有新的见解。我们到底该如何让这些事件变得有意义，如何让这些高频率、低强度的灾害性的过程变得清晰可见？

灾害需要被释放。在接下来的讨论中，我们也将灾害视作影响生命和生活条件的正常的、延迟的、广泛的（无形的）过程。我们将延续前两章中介绍的观点：灾害对于地方和社会来说可能是正常的，它们融入了社会，而不是"非常规的"（Kreps and Drabek，1996）。灾害和日常生活不一定是两极对立的，它们不应该被视为随机发生的事件，而是模式化的结果。它们不是孤立的爆发，而是相互作用的过程。这样做有助于在灾害思维中注入急需的政治因素［该领域的评论家指出，这种方法在该领域内仍然处于边缘地位（Tierney，2007:510）］。

灾害的所在：从外部到内部

来自灾害群岛

在第四章中，我们探讨了在复杂的、互动的、紧密耦合的社会技术系统中事故和灾害的常态化。在本章，我们首先考虑自然灾害在其发生的环境中的常态性。肯尼斯·休伊特（Kenneth Hewitt，1983）的研究为我们提供了切入点。休伊特对当时占主导地位的灾害研究范式提出了异议。这种范式假定了一个从物理过程到社会过程的因果流。灾害被自然化，并被视为对社会产生灾害性影响的外部事件。这种技术官僚的地球物理学范式将其知识、财政、体制和后勤资源用于三个目的：灾害预测、风险评估和救灾。

在这一知识层次中，物理科学和工程学稳居首位。社会科学的情况要糟糕得多，原因很明显——人们认为灾害不受社会因素的影响。那些生活在灾害时期的人境遇更糟。只有科学家才是专家。社会记忆或固有知识没有用武之地，尽管灾害的受害者往往对自己的生存条件有很强的把握。例如，在危地马拉，贫穷的贫民窟居民将地震称为"阶级地震"，因为大部分死亡的人居住在沟壑、峡谷或山坡上（Susman，O'Keefe and Wisner，1983:267）。有钱人买得起更坚固的建筑，往往能毫发无损。爱德华多·加莱诺（Eduardo Galeano，2009:355）写道，他们还"认为自然灾害就像老牛仔电影，因为只有印第安人会死"。

根据科学的思维方式，灾害因此被视为特定空间和时间内固定的事件，而且是意外事件。休伊特（1983:10）强调"有关事故的否定性方面"。从事故词汇中提取的一系列描述词都与灾害有关，如不想要的、未预料到的、非本意的。因此，它们强调的是断裂、不连续和变化，而并不强调灾害是人类与环境关系的预期要素。按照定义，现状不可能是灾害性的。相反，灾害被视为导致社会崩溃的低频率、高强度的事件。其结果是，灾害被概念化为一个孤立的事件，而不是一系列相互作用的过程，是"一个孤立的不幸的群岛"（Hewitt，1983:12）。

这种科学世界观与天灾人祸的观点相对立。科学需要证据，而不是信仰。因此，在研究灾害的缘由时，上帝被排除。然而，科学也试图将人视为破坏性的代理人："论证政府、商业、科学或其他机构制造了灾害"——正如我们在讨论灾害资本主义时所做的那样——"在某种意义上已经被理性的话语所禁止"（Hewitt，1983:17）。虽然关于灾害的标准定义仍然存在，但关于人类世、第六次物种灭绝事件与固有知识价值的讨论（Swanson，2008；King and Goff，2010）向我们展示了时代（和科学思想）的变化。休伊特（1983:25）是最早对这一定义提出异议的人之一，他认为大多数自然灾害和由此造成的损害"是其发生地和社会的特征，而非偶然特征"。此外，即使承认地球物理力量的威力，也只有人类的决定和开发才能使灾害发展成为具有灾难性影响的事件。

保罗·苏斯曼（Paul Susman）、菲尔·奥基夫（Phil O'Keefe）和本·威斯纳（Ben Wisner）（1983）赞同灾害常态化的观点，并将其与边缘性理论联系起来。同休伊特一样，他们把自然环境和政治经济联系起来，并利用这一点对脆弱性的产生进行了系统性思考。灾害总是将极端地球物理事件与弱势群体相联系。由于将发展中国家的人口置于危险之中，资本主义受到很大的指责。它重组了本土经济（破坏传统的生产模式，转向以种植园为基础的经济作物耕作），并重新调整社会秩序（通过阶级制度和培养买办精英，建立工资劳动、个人头衔和新的等级制度）。他们指责资本主义改变了人口动态，消耗和滥用自然资源和资本。这源于跨国公司（它们控制进出口，通常决定贸易条件）和富裕国家以及国际金融组织的掠夺，它们通过贷款和偿还方案将外围国家锁定在依赖关系中。资本流动由核心国家控制。价值从外围流向中心。因此，不发达既不是一个阶段，也不是一种内部状态；相反，它是一个持续的过程，是全球资本主义运作的直接后果（更多最新的例子见 Dupuy，2010）。

日常灾害的辩证法

在《风暴过后的洛杉矶：日常灾害的辩证法》(*Los Angeles after the Storm：The Dialectic of Ordinary Disaster*) 一书中，戴维斯（Davis，1995）将休伊特关于灾害的见解与苏斯曼等人提出的关于资本主义运作的各种关切结合起来。他首先指出，尽管那些被卷入某场洪水的人和报道这类事件的媒体会非常震惊，但温带气旋通常会在北半球凉爽的季节在亚热带的中太平洋和东太平洋加强。诚然，1995 年 1 月的风暴是二十年一遇的事件，而且是在其他一些地方性灾害——洪水、暴乱、野火和地震——之后发生的，这使它成为"几乎是圣经式的灾害共轭（Conjugation of disaster）……在美国历史上是绝无仅有的"（Davis，1995:222），或者至少在近代人类历史上是如此。尽管戴维斯对构造、气候和生物力量的巨大威力非常敏感，但他也注意到当所有破坏的责任都抛向自然界这一对立面时，政治在发挥作用。主要的抱怨是，它消除了人的能动性和罪责，洛杉矶人在他们自己的历史中没有发挥任何作用。

大自然之所以有如此大的破坏力，只是因为野火走廊已经建满了房屋。以前的安全区现在变成了郊区，冲积平原和湿地被开发。山麓上建造建筑物，同样会造成灾害性的影响。灾害研究者早就知道，经济发展会导致灾害的产生，但其后果分布不均："灾害的产生不仅仅是以经济增长来衡量的进步的代价，相反，这是一套政策和做法，旨在从最底层的95% 人口中获取资金,并将其重新分配给最上层的 5% 人口。"(MacNair quoted in Freudenburg, Gramling, Laska and Erikson, 2008:1016）

　　然而，尽管如此，每当灾害发生时，震惊似乎是人们的第一反应。这符合当局和开发商的利益，他们乐于让自然界来承担责任。戴维斯还指出了洛杉矶县的另一种说辞，即该地区生态的"深层地中海性"。这是英裔美国人一直难以理解的（第一批踏上这片土地的西班牙僧侣就不一样了，这里让他们想起了家乡）。该地区的降雨量与西班牙的穆尔西亚或法国的蔚蓝海岸相似。夏天燥热，冬天温润。加利福尼亚与地中海地区在构造上有相似之处（影响陆地形成和土壤侵蚀的模式），而且两者的滑坡和地震等灾害发生的频率也相似。

　　英裔美国人认为这是一片干旱的土地，干旱构成了一种无时不在的威胁。此外，他们的文化包袱使他们倾向于按照季节的有序模式来思考，倾向于连续性而不是灾害。这种观点仍然占据主导地位。正如戴维斯（1995:229）所说，居民认同错误的"环境认识论"，因此当大自然"自我断裂"时，人们会感到震惊。这与文化记忆有关。虽然美洲原住民已在该地区生活了数千年，但英裔美国人在那里居住的时间只有两代半多一点，而许多用于减灾和控制基础设施的建筑环境甚至从没有出现过。在这里，人们发现，尽管建筑师的初衷是好的，但像水坝这样的建筑使用寿命却低于人类的平均寿命。这一切都意味着，在更广泛的社会中，那些掌权者（或利润行业）对他们所面临的真正危险缺乏正确认识。

　　然而，在这个地方，强降雨或不降雨、水灾和旱灾、森林火灾和地震都是完全正常的。极端事件也会相互加强。例如，干旱使植物干枯，从而使火灾更容易发生。火灾使地面覆盖物消失,使土壤更难吸收水分。这反过来又增加了洪水的强度,放大了土壤侵蚀和滑坡的可能性。虽然对加州人来说,似乎还有更坏的事情要发生。

科学研究表明,有记录的时期,也就是 20 世纪,可能是该地区过去 600 年来气候最温和的时期,而且地震也比以前的时期少(Hasten and Michaelsen cited in Davis,1995:231)。地震学家预测会再发生一次大地震或一系列重大地震。气候学家预测会发生特大干旱。想要对环境和面临的风险有一个现实的认识,就需要追溯到全新世的知识。戴维斯的观点已经得到了部分验证。加利福尼亚州目前正在经历 1200 年以来最严重的干旱(Griffin and Anchukaitis,2014)。

灾害的时间性：从事件到过程

主张超越有限的、基于事件的思维的一个原因是，事件仅仅是可视化了的过程。另外，像战争这样的事件究竟何时才能真正结束？美国至今仍在支付两笔内战抚恤金，并继续为美西战争、第二次世界大战和越南战争等冲突支付抚恤金和医疗费。政府目前每年支付 400 亿美元（Li，2013）。橙剂的影响也将在未来几年内一直存在。贫铀武器造成的破坏究竟何时才能结束？我们几乎无法给出答案。我们还需要提醒自己罗杰克对基于事件的思维问题的批评。它回避了结构和过程问题，使系统免受质疑和挑战。

虽然我们习惯于认为灾害是突发事件，但导致其毁灭性高潮的进程实际上可能非常缓慢。埃里克·克林根贝格（Eric Klinenberg，2003）告诉我们，在三天内发生的事情实际上是所有前期积累的结果。更令人印象深刻的是，亚历山大·奥利弗－史密斯（Alexander Oliver-Smith，1994）指出，一天之内发生的事情是过去五个世纪以来一直在发生的过程的结晶。

社会剖析

在克林根贝格的热浪研究中，重申了我们之前提出的观点，并与整本书中提出的问题和主题相联系：受害者的（社会和空间）分布；脆弱性的产生；国家在制造风险（而不仅仅是应对风险）方面所扮演的角色——包括新自由主义政策实施的灾难性后果；社会谋杀（克林根贝格引用了一位副主任医护人员的话，他将死亡事件称为"公共政策谋杀"）；将救援行动委托给准军事组织的问题；当局使用幻想文件和煽动偏见（包括将责任归咎于自然）；媒体对灾害景观的痴迷，以及灾害和启示之间的联系。

1995 年 7 月，芝加哥经历了创纪录的高温。高气压脊、潮湿的地面条件和缓慢移动的潮湿气团形成了致命的组合。最热的日子是 7 月 12 日至 16 日。7 月 13 日的气温达 106 华氏度（41 摄氏度），高温指数是 126。湿度和臭氧水平同样很高，室内温度往往还要更高。水银柱连续三天保持在 100 华氏度以上。人们纷纷加入空调抢购潮。电力需求的增加导致了停电，一些水泵停止了工作。为了降温，人们打开了整个城市的消防栓。在芝加哥的部分地区，水压降至低点，居民们无法在公寓里获得自来水。救护车服务呼叫数和医院就诊人数激增，超过平均水平数千人次，急救服务已不堪重负。尸体开始堆积在法医办公室。法医不得不叫冷藏卡车来存放多余的尸体。克林根贝格（2003:15）指出，数百名"在热浪中孤独死去的芝加哥居民，只有在他们的尸体被送到库克县太平间之后，才得到两种可能拯救生命的干预措施——国家资助的服务和人工降温的关注"。这具有深刻的讽刺意味。

该市表示，7月14日至20日期间，热浪共造成485人死亡。流行病学家后来估计有739人死亡。克林根贝格（2003:9）对这些数字进行了深入分析，并强调了"非景观"灾害的重要性。这场热浪的致命性远远超过其他许多全国性的灾害：它的严重程度是1871年芝加哥大火的2倍，伤亡人数是环球航空公司800号班机空难的3倍、俄克拉荷马城爆炸案的4倍、北岭地震的10倍、安德鲁飓风的20倍。然而，这场灾害却遭到了官方的漠视，灾害研究人员也鲜有学术参与。克林根贝格（2003:17）解释说，这种疏忽是因为它不属于首要的灾害范式。热浪不像龙卷风和洪水。它们既不会造成明显的破坏，也不是媒体喜欢报道的事件。它们不会造成资产损失，只会伤害边缘人群（那些年老体弱、孤立无援和贫穷的人）。"人微言轻的边缘人群、悄无声息的隐形杀手，这些使热浪如此致命的社会条件并没有从人们的视野中消失，它们只是没有被新闻制作者和他们的受众——包括灾害方面的社会科学专家——记录下来。"（Klinenberg，2003:17）但是，正如我们在绪论中提到的，克林根贝格在这里也证实了，传统的灾害焦点忽略了最致命的类型。热浪造成的美国公民死亡人数超过了所有其他气象事件造成的死亡人数的总和。

"1995年的热浪是一出社会剧，它呈现了一系列长期存在但难以察觉的状况，使之清晰可见。"（Klinenberg，2003:11）为了对这场灾害进行社会剖析，克林根贝格发挥了社会学的想象力，既考虑了传记和历史，又考虑了它们之间复杂的相互联系。前者指的是个体环境和能力在不同时期的变化，这种变化导致了孤立和脆弱：衰老、离婚、丧偶、监禁、精神和身体疾病、成瘾、失业和贫困。个人本来可以对其中一些因素进行一定的控制。后者指的是影响生活机会的宏观层面的广泛变化：经济变化导致劳动力市场的转变，以及福利提供的转变，包括公共住房和精神保健领域。这些过程，以及其他突出因素，如制度性的种族主义和官方对穷人的忽视，都是个人"无法控制"的事情（Klinenberg，2003:100）。公共问题演变成为个人问题,如不断恶化的劳动力市场状况，迫使年轻人离开城市去寻求一份工作，而那些被留在原地养老的人往往没有支持性的社会网络。有些人可能已经失败了；我们都要为我们与家庭的关系承担一定的责任。但正如克林根贝格已经明确表明的那样，一些人死于制度性失败。不能把国家和公民社会的制度性失败归咎于个人。归根结底，贫困是社会性的。

克林根贝格（2003:48）认为，人口变化、空间变化、文化和性别状况等四种趋势使贫困老年居民面临更大的风险。这些趋势共同产生了一种基于地点的脆弱性的社会生态。越来越多的人独居生活。健康和流动性问题也会切断社会联系。个人主义和自爱之心，再加上对犯罪日益增长的恐惧，使许多人害怕社交，甚至足不出户。当热浪袭来时，许多人都把门窗紧锁。公共空间的退化、整个城市废弃区的出现，体现了公共服务的缺失，更进一步导致了社交退缩。最后，随着年龄的增长，男性——尤其是有药物滥用史的男性——似乎难以维持与家庭成员的感情纽带和更广泛的社会联系。

就一般人口的风险而言，最脆弱的是那些通常待在家里、有健康问题、卧床不起、独自生活、没有空调、交通不便和没有当地社会联系的人。克林根贝格（2003）通过比较两个气候、人口和社会经济相似的社区——北兰代尔和南兰代尔（后者在当地被称为小村庄），将社会生态学概念引入其中。尽管有这些相似之处，但这两个群体的居民却有着截然不同的命运。北兰代尔的死亡率是南兰代尔的十倍。北兰代尔的人口中 96% 是非裔美国人，小村庄的人口中 85% 是拉丁美洲人。芝加哥的重灾区是贫穷的、犯罪猖獗的黑人地区。相比之下，拉丁裔社区的存活率最高。要解释这种差异，我们需要从社会环境着手。

北兰代尔在 20 世纪 50 年代开始失去其工业基础，其他商业活动和公共设施开始照搬它的模式。到 1960 年，当地人口构成已完全转变。在十年的时间里，这个社区人口构成从白人占 90% 变成了黑人占 90%，成为"美国城市史上最迅速、最彻底的种族转变过程之一"（Klinenberg，2003:93）。1968 年的种族暴动更是开启了北兰代尔的衰退进程。从那以后，情况似乎一直在走下坡路。地下经济取代了正规经济。大批人口离开了这个地区。随着人口的分散，支持网络不断被拉长，有时甚至到了崩溃的地步。稳定的居民区更多地被暂时性（和隐居性）人口所占据。城市当局也放弃了它。基本设施都已破旧不堪。因此，在这片如今空旷的土地上，似乎只有犯罪和杂草在蓬勃发展。让毒贩感到安全的环境——空旷的角落、空旷的地段、高高的草丛、糟糕的照明——让其他社区成员感到不安全。当热浪袭来时，贫穷使他们无法进行室内降温——他们要么没有空调，要么用不起空调。疾病控制和预防中心的研究人员估计，如果能够使用空调，超过一半的死亡原本可以避免（Klinenberg，2003:160）。市民的大意和对犯罪的恐惧使他们拒绝在户外降温：户外没什么值得待的，开阔的空间太危险了。

而在南部，与之紧邻的南兰代尔则是一个完全不同的世界。它被重新命名为"小村庄"，是对北兰代尔悲剧的一种有意识的反应和远离。南兰代尔摆脱了发生在北兰代尔的贫民区化，摆脱了忽视、公民搬离、衰落、破坏和暴力的恶性循环，这些恶性循环强化了社会隔离。此外，墨西哥和中美洲移民的不断涌入也加剧了这一趋势。在北兰代尔人口减半的时期，小村庄的人口增长了30%。高人口密度使这里的街道生活充满活力，商业活动丰富。这地方很繁华。当地的配套设施和服务很完善：商店、宗教支持和医疗服务一应俱全。这促进了居民的社交和互助互爱。在小村庄，居民不会被忽视，人们在公共场所感到安全。热浪袭来时，老人们乐于到室外降温。这样一来，其他人就可以密切关注他们，而且他们还有地方可去。他们可以在有空调的商店里乘凉（Klinenberg，

2003:79—128）。

　　显然，一些个人和社区比其他个人和社区需要更多的支持，但当局却难以充分应对这场灾害。卫生部的高温应急计划变成了一份空想文件。它无视自己的文件条款。医务人员被指控使用不正确的治疗方法。医院和急救中心都集中在城市的北部，而大多数受害者却在南部。起初，媒体对此漠不关心，而且没有动用足够的医护人员和救护车。其他结构性因素也阻碍了他们的努力。通常认为，即使在日常运作方面，救护服务的资源也不足。消防部门的规模是救护服务部门的七倍，但其接听的应急电话却比后者少 50%。消防部门和救护服务部门之间存在着根本性的分歧，在热浪期间，现场工作人员和办公室管理人员之间出现了裂痕。批评人士指出，在应对热浪时，政府机构分散，沟通和信息共享渠道不畅。应急反应本可以更有效。消防部门本可以召集更多的工作人员和急救车。那些高级官员指责工作人员们没有准确地传达灾害的真实规模。一些人，比如公共事业专员，甚至指责受害者。

　　克林根贝格（2003:180）借鉴了斯坦利·科恩（Stanley Cohen）的《否认的状态：了解暴行和苦难》（*States of Denial：Knowing about Atrocities and Suffering*），来探讨当局如何煽动偏见和逃避责任。科恩详细介绍了强权者为避免犯错而采取的一些策略，首先是承认事实，但坚称事实另有含义。当出现问题时，当权者也会试图确定该由谁来承担责任，谁有发言权，使用什么样的语言（这里倾向于使用委婉的语言），并确定事件的官方版本，最后坚持认为刚刚发生的事情是一个独特的、不可控的外部事件，而不是众所周知的社会过程的结果。科恩把这些形式的否认称为：字面的、解释的、含糊的，是对不同声音的否认，对现实主义语言的否认，对公共记录的否认和对模式的否认。克林根贝格记录了所有这些与热浪有关的模式，从市长戴利在媒体面前对热浪轻描淡写的描述、否定首席法医的死亡统计数字，到隐瞒卫生部的死亡数字，指责受害者/他们的家庭/爱迪生联邦电力公司/天气，再到声称热浪是"一个特殊的气象事件"（Mayor's Commission quoted in Klinenberg，2003:180）。

在哈维·莫洛奇研究的圣巴巴拉漏油事件中，我们也看到了同样的总体模式（相关讨论见第三章）：尼克松总统看不到石油泄漏，因为美国内政部的地质调查局人为缩小了溢油的规模。当地居民的担忧被淡化，海军看到的是沉睡的海狮幼崽，而不是死去的海狮幼崽。如果死鸟没有飞到特别收集区，它们的死亡就不会记录在官方统计数据中。当美国地质调查局的一位监督员被要求对标准石油公司平台的事故做出解释时，他说："地球母亲抛锚了。"（Quoted in Molotch，1970:136）

克林根贝格（2003:142—143）将此归咎于当局。他强调了加剧灾害的五个治理要素。第一个问题来自于将保健和救助交给准军事组织。不难看出，那些接受过威胁抑制训练的专业人员对护理业务不太适应。第二，紧急反应和治疗严重分散，横贯市、县、州和联邦当局。第三，无论是政治家还是公众似乎都不关心芝加哥最脆弱的群体，他们享有的资源一直不充足。第四，认为那些需要福利的人都会积极主动地去获取福利，而不管他们有没有能力这样做。第五，市政府官员做事倾向于循规蹈矩，他们公关，优先考虑的是洗白形象，而不是解决令人沮丧的现实问题。负责监管南区紧急服务的罗伯特·斯卡特斯（Robert Scates）将这种现象称为"公共政策谋杀"（Quoted in Klinenberg，2003：136）。他对这种做法深恶痛绝，因而辞职。库克县与高温有关的死亡报告还指出，"整个系统一败涂地"（Raika quoted in Klinenberg，2003：138）。

其他人也注意到一再削减预算的潜在后果，包括消防部门的紧缩措施和国会对低收入家庭能源援助计划（LIHEAP）的削减。将私营部门的做法引入公共部门也导致了一些问题。他们最终看重的是利润，即预算削减的数量，而不是所提供服务的质量。克林根贝格（2003:268）引用大卫·奥斯本（David Osborne）和泰德·盖布勒（Ted Gaebler）（1992）的《重塑政府》（*Reinventing Government*）作为这方面的主要灵感来源。这是比尔·克林顿总统进行全面改革的基础。有趣的是，克林顿后来承认，他整个90年代在海地推行的贸易自由化政策可能使阿肯色州的农民受益，但对海地的农业生产者来说却是灾难性的。他承认自己的"错误"，宣称新自由主义政策"在所有尝试过的地方都失败了"（Quoted in Dupuy，2010:14&19）。然而，他却继续促成在海地实施更多此类政策。

随着伊利诺伊州呈现出企业化的特征，芝加哥出现了新的竞争性服务条款。克林根贝格（2003:139）认为其最显著的特征是：强调效率，将政府职能和服务外包给私人组织，并将公民重新定位为市场化公共产品的消费者。这些都产生了显著的效果，那些资源充足、精明、要求最高的客户从中受益，而不是那些被忽视、处于危险和弱势的客户。只有最懂行的人才会拥有获得他们所需服务的敏锐性。因此，优势将不断累加。城市的贫富差异是社会造成的。芝加哥的公共住房存量大大减少，私有化和退化现象严重。公共服务的私有化使社会养老体制被营利性服务所取代。在心理健康领域，这导致了心理病弱者被挤压到房地产市场的底层。对于社会最底层的人来说，想要与国家接触，最可能的途径是通过刑事司法系统。反常的是，在削减低收入家庭能源补助的同时，却对保险公司和受灾害影响的业主发放新的补贴。"新的预算计算方法意味着，穷人将为自然灾害付出双倍的代价，因为他们继续被排除在救济范围之外，并由于社会开支的削减而在本质上承担着相同的救济工作的成本。"（Steinberg quoted in Klinenberg，2003:161）

一场五百年一遇的地震

奥利弗－史密斯（1994）研究了这种长期不发达的过程。他从秘鲁大地震的幸存者中得到启发。在 1975 年灾害发生时，危地马拉人倾向于将其看作是一次阶级地震，而秘鲁人则倾向于将 1970 年 5 月 31 日的 7.7 级地震视为一个更长过程的一部分，这次地震是 2010 年海地地震之前西半球最严重的地震。他们把当天发生的大规模破坏性事件称为一场"五百年一遇的大地震"。如此看来，将安第斯山脉和中北部沿海地区置于西班牙殖民地的背景下，就可以充分理解地震对它的破坏。

奥利弗－史密斯充分肯定自然力量的重要性。秘鲁的沿海沙漠降水极少，是世界上最干旱的地区之一。厄尔尼诺现象改变了秘鲁的洋流，带来了巨大的洪水。这影响了海洋的食物链和那些依赖海洋的人。在高原地区，霜冻和冰雹威胁着农作物，干旱也很常见。陡峭的山脉、不稳定的地形和强降雨导致山体滑坡，还有地震。安第斯山脉的特点是极度不稳定，表现为严重的地震活动、活火山、不稳定的土壤以及大小雪崩（Oliver-Smith，1994:33）。

这些都没有从该地区居民的环境中消失，他们的适应建立在几千年的集体记忆之上。奥利弗－史密斯指出，前哥伦布时代的安第斯山人有许多应对策略，包括利用多种微环境（沿海和高地）来分散风险、共享资源、多样化饮食和降低人口密度。人类居住地分布广泛，避开了地震活跃地区。当他们进行建设时，他们的建筑材料和技术都考虑到了地震风险。建筑往往有坚固的角接接头、加固的墙壁和轻型屋顶。窗框和门框都进行了强度加大设计。在人口较密集的地区修建了大量应急仓库（quollqas）。它们存放着多余的物资，以备不时之需。虽然危险很多，但这个系统往往是有效的。因此很难找到人类大规模毁灭的考古证据。

随着16世纪西班牙殖民者的到来，一切都发生了变化。"西班牙人试图控制和剥削其控制下的大量人口，在他们的统治下，开启了一个崭新的进程，其形式和影响至今仍在复制。"（Oliver-Smith，1994:37）土著人口因攻占掠夺、疾病和虐待而锐减。传统的减灾做法和生产模式也随之终结。新的城镇建成，但建筑者对当地环境并不了解。许多城镇建在灾害多发地区。强迫移民和有计划的定居意味着新城镇的人口密度加大。城镇的建造方式也容易引发危险。狭窄的街道取代了过去分散的建筑。这些建筑材料重、不牢固。厚重的瓦片取代了茅草屋顶。新建筑物通常有两层。

传统的灌溉系统也被忽视，其退化导致了洪水，应急仓库被关闭。随着欧洲生产模式的推行，脆弱性增加。竞争取代了合作。生产开始面向市场，而不是为了社会利益。经济作物和采掘业开始占主导地位，农业盈余被出口。财富从这个国家流失，土著群体被剥夺了土地。

地震发生时，其破坏面积超过 8 万平方千米，造成 7 万人死亡，受伤人数是死亡人数的 2 倍，50 万人无家可归。奥利弗 - 史密斯（1994:40）总结道：

> 1970 年 5 月 31 日下午在秘鲁发生的大地震，从许多方面来看，已然是一场灾害。秘鲁经济的特点是：长期分配不均导致繁荣和萧条周期加剧；僵化的生产体系偏重于外汇和经济作物的生产，而不是急需的粮食；基础设施并没有服务整个国家；19 世纪开始才慢慢形成土地分配模式。秘鲁的工业部门规模小并且极其脆弱；文盲率接近 60%；长期贫困，并伴有营养不良、婴儿死亡率高和高发病率等特点；历史上政治制度不稳定，"民选"的沿海精英和军事政变交替出现。秘鲁过去和今天都处于灾害状态。

奥利弗－史密斯（2012）向我们介绍了他对"海地五百年一遇的大地震"最新的研究进展，尽管他的论点依然不变。灾害不仅仅是可怕的事件，它们是过程，其原因需要在社会秩序中寻找："因此，根据重建的形式，灾害有历史的根源、展露的现在和潜在的未来。"（Oliver-Smith，2012:18）

这使我们对灾害有了全新的认识：灾害是慢性的破坏（Nixon，2011）。慢性的破坏指的是那些渐进的、无形的、推迟的和分散的结构性暴力形式。这种类型的暴力缺乏集中性（它往往不受具体地点的限制）和动机（它似乎缺乏推动力）。它依托于环境，并不引人注目，它是正在进行的过程的结果，而不是两者的分裂。现在有两个问题：如何让人们关注到灾害，并让人们动员起来应对灾害。重新思考破坏，将其作为一种延迟的、分布式的、非景观的、非事件的东西，给我们提供了一种方法。我们不要只关注对生命的直接威胁（山体滑坡、山洪、地震），还需要考虑那些威胁生活条件的因素（森林砍伐、土壤侵蚀、食物链污染，实际上是所有导致环境脆弱的因素）。通过引导我们关注那些维持我们生存的事物，慢性破坏有助于理解全球变暖和臭氧消耗等环境危害。尼克松（2011）认为，草根环保主义活动家和后殖民主义小说家让这些问题变得清晰可辨。克林根贝格、奥利弗－史密斯和尼克松都向我们展示了日常灾害条件下生活的场景。

整体结构视角：造成日常灾害的煤炭巨头

在本节中，我们提出了一种新的灾害研究方法——全成本核算——以此引入一个新的概念：日常灾害。日常灾害可以定义为危害生命和生活条件的重大损害。日常灾害是指那些可能被官方认知所忽视的，不符合资本主义意识形态的，偏离国家、媒体和公司标准叙事的灾害。它们是现行权力结构的必然产物，是一味追求利润的结果。日常灾害的发生没有明显的时间段，只是在（从）正常运转中发生。它们不会引发任何回应，更不用说恢复了。日常灾害没有确定的受灾区域。社会运作依旧。

因此，我们可以将灾害的标准概念与日常灾害区分开来（表8.1）：

表 8.1　灾害的标准概念与新概念的对比

灾害的标准概念："受控"灾害	灾害的新概念：日常灾害
异常	正常
即时	延迟
密集	广泛
大型	无形
事件	过程

　　日常灾害是永久的灾害。我们不妨问问自己，它们的代价是什么，谁来为这些灾害埋单？这样的事情往往是隐蔽的。于是我们想到了提出日常灾害概念的最终动机：对灾害和启示的痴迷可以掩盖系统的结构性暴力。除了思考灾害和启示，我们还需要考虑灾害及其隐蔽性。日常生活中的社会学为我们提供了一条理解日常不幸的清晰路线，虽然这条路线尚未被人们广泛采纳。乔治·佩雷克（Georges Perec）的社会学项目包括一项"非常规"的研究（他称之为内生人类学）。最重要的是要学会观察。它是一门真正的日常社会学，研究那些日常生活中经常被忽略的事物。

　　日报是佩雷克的目标之一。由于日报并没有真正记录日常发生的事，佩雷克认为以"日报"命名并不合适。能构成新闻的是大事件，是那些特殊的、断裂的、偶然的事情。相比之下，人们习以为常的事情，日报是不会报道的。火车似乎只在脱轨时才存在，死亡人数越多，其存在感越强。同样的道理，飞机只有在被劫持的时候才会存在；汽车也是如此，只有在新车上路当天就发生事故时才会进入人们的视线。对大事件的关注掩盖了系统中固有的慢性的结构性破坏的日常真相。正如佩雷克（1999:209）所写，与其说矿井爆炸是丑闻，不如说问题源于在煤矿里进行工作。当发生罢工时，"'社会问题'就不是一个'值得关注的问题'了，它们在一年365天中的每时每刻都是不可容忍的"。同样，克林根贝格（2003:24）在谈到芝加哥热浪时说："热浪所揭示的问题并没有随着气温回落而消失，它们的隐蔽性使它们在城市的日常生活中变得更加危险。"

让我们探讨一下主导世界的经济体系——资本主义。它将风险社会化，将利润私有化，并在这个过程中掠夺稀缺资源。全成本核算可以揭露这一点。它可以揭示公认的、"正常"的经济活动是如何在扩大了的社会和环境失灵区域内发生的（Morton，2013:73）。它向我们展示了更加宏大的图景，展示了系统的有害溢出和外在性。这一点可以参考保罗·爱泼斯坦（Paul Epstein，2011）和他的同事们的观点。他们以阿巴拉契亚为重点，对美国煤炭的全部成本进行了详尽的分析。煤炭生命周期的每一个阶段——开采、分配、加工和使用——都会产生废物和风险，对人类和环境造成影响。

煤炭工业是二氧化碳排放的主要来源。然而，这些数字不包括来自矿山的甲烷、来自交通运输的排放物、其他类型的温室气体排放（如来自黑炭的）或山顶剥离法开采（MTR）产生的碳和一氧化二氮排放。而且，除了全球变暖之外，还有其他一些环境问题。煤炭的开采和燃烧会产生许多有毒物质，其中许多是致癌物质。煤炭加工污染了地下水，煤炭燃烧污染了大气。两者都对公众健康产生负面影响。然而，煤炭行业企业承担的成本很少："利润和电力流出该地区，而贫困和生态破坏则集中在该采掘区。"（Austin and Clark，2012:452）大部分的外部化成本由纳税人承担，每年估计约为 3000 亿到 5000 亿美元。

爱泼斯坦等人（2011:78—80）认为，只有注意到煤炭的整个生命周期——采矿、运输、燃烧、废物处理和电力传输——以及伴随而来的各种经济、人类健康、环境和其他成本，才能确定煤炭的真正成本。从经济上讲，这意味着要衡量对该行业的所有补贴、环境监管成本，对旅游业、农田、住宅物业价值和交通基础设施的损害，以及行业诉讼成本。就社会风险而言，我们必须考虑到污染引起的死亡率和发病率增加、地下水污染、工伤和死亡、职业病、住院和医疗费用以及运输事故和排放。从环境角度讲，有甲烷排放、空气颗粒物增加、水污染、重金属污染、酸雨，河流、栖息地和生物多样性的损失，以及运输带来的温室气体增加。其他成本包括：森林滥伐、山顶剥离法开采造成的泥石流和洪水、沉降造成的基础设施破坏、爆破和腐蚀对建筑环境的破坏、噪声污染、废弃采矿社区的人口减少以及气候变化造成的电网脆弱性。

如此计算，成本效益分析得出了截然不同的结果。对阿巴拉契亚的研究表明，社区健康问题随着煤矿开采活动的增加而增加。过高的死亡率可以用统计学生命价值（VSL）进行货币化，即个人愿意用增加的死亡风险换取其他商品和服务的比率。包括环境保护局在内的许多联邦机构都将其用于政策目的。2008 年，它将统计学生命价值定为 750 万美元。从 1997 年到 2005 年，阿巴拉契亚的超额死亡率使每年的死亡人数比全国平均水平多出 10923 人。根据社会经济因素进行修正后，超额死亡这一数字为 2347 例。爱泼斯坦等人（2011:83）把统计学生命价值设为 750 万美元，结合未经调整的死亡率和这一时期 91% 的煤炭用于发电的估计，得出煤炭总成本为 746 亿美元。通过比较，他们计算出阿巴拉契亚采矿业的直接和间接价值（也就是说收益）总和为 88 亿美元（按 2005 年的美元价值计算）。成本几乎超过收益一个数量级。在整个行业范围内，他们估计与煤炭相关的外部成本在 1752 亿美元到 5233 亿美元之间（以 2008 年的美元价值计算），这还不包括不追求可再生能源供应或投资于其他经济活动的机会成本（Epstein et al., 2011:91&93）。从 $n+1$ 的框架来看，煤炭巨头是在做亏本生意。它的运作就是一场日常灾害。

在这一章中，我们建议在认识灾害时超越诱因、破坏性事件和大事件，不能把灾害看成是集中在某个时间和空间内爆发的事件，而应该着眼于它们持续的日常影响。只有这样，我们才能通过捕捉灾害的人力、经济和环境成本来衡量灾害的危害程度。本书中，我们讨论了灾害和启示之间的联系。一个在众目睽睽之下深藏的启示已经展现在我们面前：正常运作的资本主义是一场日常灾害，它伤害着生命和生命系统。

第九章

结论

就像末日已经来临一样行动。这是应对当前社会和生态灾难的唯一方法。

该怎么办？

鉴于许多问题源于我们的经济体制，因此，我们可以学着做减法，减少生产、减少消费。我们应当大力开展零废弃物（Zero Waste International Alliance，2014）和零增长（Latouche，2009）运动。这意味着我们需要通过其他的方式来定义我们是谁。有谁能说那些方式不会更有利于达到这个目的？（看看当前西方社会的分裂、孤独和抑郁程度有多高。）我们可以大力支持消费者运动，要求公开透明，行为符合道德规范，对社区组织提供支持。我们可以购买当地互惠的有机产品。

当然，只有当我们不再扮演个人消费者的角色，而是团结起来，成为关心社会的公民时，社会才会产生有意义的变化，市场才会具备快速恢复的能力。这将需要一场运动。在这些方面，我们很难超越科林·克雷明（Colin Cremin）在《总数》（*Totalled*，2015）最后一章中提出的政治要求：关键行业和服务的国有化、工人管理、累进税和财富再分配、向债务宣战、充分就业，有利于公共交通、社会住房和公共空间的政策，信息自由化；在生产方面强调本地化，在照顾世界贫困人口方面注重全球性，加强金融监管、国家自决和对本土性的敏感度，结束大规模监禁和大规模浪费，明智管理公地。这些措施的有力结合，将为更多的人提供更大的保护，让他们有更多的机会过上充实、有尊严的生活。

我们迫切需要这样一股新的政治风潮。正如哈维（2011）所述，在过去的 30 年里，政治发挥的主要作用是提高劳动剥削率和加剧环境掠夺（灾害研究领域对后者的类似评论，见 Tierney，2014:228）。正如联合国千年发展目标所关注的，这造成了当今时代最严重的两个问题：日益扩大的不平等和生态崩溃的威胁。如前所述，资本主义是诱因。它试图将所有可能的成本外化，如环境成本和社会再生产相关成本（如护理）。西方国家经过两个世纪的斗争，迫使这些成本中的一部分被内化。新的法规（包括环境相关法规）和税制应运而生，福利国家也是如此。在上一代人中，这项伟大的工作大部分都没有完成。然而，

> 要解决全球贫困问题，就必须解决全球财富积累问题。如果不正视企业利益、不改变当下的生活方式，即使转向绿色资本主义，也无法解决环境问题。如果资本被迫将所有成本内化，那么它必将倒闭。这是简单的事实。但这为资本的替代品定义了一条便捷之路。（Harvey，2011）

我们在第八章介绍了全成本核算的概念。在这里，我们将它与哈维（2011）的解决方案联系起来，即坚持要求资本支付其所有的债务："有组织的劳工可能会引领潮流。但它也需要来自生活朝不保夕的工人阶层和社会运动的盟友。我们可能会惊讶地发现，团结一致，我们终究可以创造自己的历史。"

官僚圈子也许还没有做好革命的准备，与造成诸多问题的体制决裂。但上述许多观点与国际发展界倡导的政策产生了共鸣。联合国的千年发展目标包括消除极端贫困和饥饿，努力实现性别平等，确保环境可持续发展。联合国 2015 年之后的发展议程再次对之前所定的目标和保证做出了承诺，即"继续为创建一个繁荣、公平、自由、尊严与和平的世界而努力"（UN，2014）。尽管新议程的具体内容要在 2015 年 9 月在纽约举行的可持续发展问题特别首脑会议上才能确定，但其最终目标将是让所有人过上有尊严的生活。这些战略与联合国国际减灾战略署的《兵库行动框架》（Hyogo Framework for Action，2005—2015）一样，都应该得到支持。在日本举行的世界减灾会议通过了《兵库行动框架》，它明确承认灾害对穷人的影响过大，而且严重破坏了发展目标。因此，该框架的中心目标是降低脆弱性、减少灾害风险以及建立抵御灾害的能力。2015 年后框架正在实施中，目前来看，该框架将重点关注减少灾害风险的指导原则、共享标准、基于法律的减灾风险仪器和正式目标。

从灾害中学习

灾害教会我们很多东西。当然，悲剧就在于我们被动地等待灾害的发生，却没有预先做任何准备。但我们至少可以从灾害中学些什么，以保证下次可以做得更好。每个问题都有解决方案。正如保罗·法默（2014）在谈到西非暴发的埃博拉病毒时所指出的，只要有工作人员、材料、专门的治疗中心和适当的协议，疫情就可以控制。造成埃博拉病毒传播的最大诱因是濒临崩溃的卫生系统。当然，补救措施需要政治和经济的双重意愿，而这正是我们作为利益相关的全球公民可以发挥作用的地方。要具体说明应该做什么是很容易的。法默（2014）提出了五项策略。第一，应该通过所有媒体的公共卫生运动和广泛采用防护装备来加强感染控制。第二，预防措施不应与治疗相对立。两者都很重要。第三,医院系统要正常运作,就需要适当的资源。一栋建筑不等于一所医院。

要正常运作，它还需要训练有素的工作人员、药品、医疗设备和电力供应。此外，在国内，应该在大多数居民区提供一线服务。第四，从最新爆发的埃博拉病毒中获得的新知识（值得庆幸的是，病毒现在似乎得到了控制），可以用来帮助研发疫苗和提供更好的诊断和治疗（现在有免疫力的埃博拉幸存者也可以有所帮助）。第五，需要在利比里亚和塞拉利昂等国家进行适当的埃博拉医疗培训，以确保提供最佳的临床护理。

卡特里娜飓风也给我们上了一课。大卫·亚历山大（2006b）从中总结出几个有用的灾害管理原则。一是民间灾害管理不应军事化。军方的指挥和控制模式，以及对安全的过度关注，意味着他们在灾害管理方面不如民间组织更富有成效。事实上，整个社会都需要做好应对灾害的准备。从地方机构到国家机构的纵向一体化是应该的，但这也必须辅之以跨管辖区的横向整合。公众必须参与到自身保护之中，并且必须意识到他们所面临的风险。在宣传这一点时，不妨借鉴传统的、本土的、当地的或文化上特有的知识。事实上，最明智的做法是将科学的最佳实践与社区知识相结合，以便与当地民众通力合作。只有全民防守才会带来全民保护。因此，它的任务应该是强化社会团结的纽带（克林根贝格的热浪研究使我们认识到社会纽带和联系的重要性），而不是压制反社会行为。最后，在思考灾害时，我们始终应该考虑灾害前后的社会情况，社区、非政府组织和政府的备灾水平如何？全面的应急计划是什么样子的？社会的平等性和凝聚力如何？我还要补充一点，根据千年发展目标，我们该如何使社会更加平等且具有凝聚力？就卡特里娜飓风后果进行的一项全面研究还提出了以下政策建议：针对那些使一些群体在社会经济上处于弱势的因素开展工作，协助最低收入人群破解经济难题（例如，在劳动力市场、投资基金和安全住房供应方面优先考虑这一群体），并做好财富和生活最低工资的再分配（Masozera，Bailey and Kerchner，2007:304—305）。

在一篇后续文章中，亚历山大（2011）进一步补充了应急管理的相关规则：必须保护人民，而不仅仅是国家及其资产；应从人民的角度看待安全问题；国家应以有意义的方式让公民真正参与进来。组织必须从地方层面（地方层面通常指发生灾害的地方）建立和/或与地方层面建立联系。应急管理应力求专业化；它应该参与基于情境的规划，以减少漏洞。这些做法必须是可持续的，并借鉴灾害研究方面的最新成果，应将其纳入主流，使它们既是正常的，又能补充环境可持续性倡议和与城市、区域规划相关的倡议。

我们还可以从本书提到的相关灾难中吸取积极的经验教训。我们以台风"海燕"造成数千人死亡（第四章）和芝加哥热浪造成数百人死亡（第八章）为例。联合国赞扬了菲律宾政府对随后的风暴——台风"黑格比"（Hagupit）——的应对。联合国国际减灾战略署署长祝贺他们从台风"海燕"中吸取教训，并采取了"零伤亡"的救灾立场。玛格丽特·瓦尔斯特伦（Margareta Wahlström）特别提到了他们的跨机构沟通和协调，以及他们的风险意识和疏散工作。当地人现在对风暴潮及其可能带来的破坏有了更多的了解。"海燕"之前台风中的许多伤亡，都是因为这方面认知的缺失。这一次，媒体的报道说服了许多人离开他们的家园。阿尔拜省被认为是最脆弱的地区之一，大约有 56 万人离开家园，前往避难所。借用一名特别行动官员的话说，"我们想让备灾成为日常生活的一部分，就像刷牙一样"（Quoted in Ramzy，2014）。在全国范围内，共疏散 120 万人，没有死亡报告。其他一些重要的备灾措施也受到了重视，包括在马尼拉招募社区志愿者监测河流水位，以便在可能发生洪水时向下游社区发出警告；组建当地搜救小组（外部小组需要很长时间才能到达受灾地区，他们进行搜索，但通常不进行救援）；广泛使用移动电话，以了解最新的天气预报（并确定何时撤离）；分阶段撤离，即首先将最脆弱的人群转移到安全地带（Guttmann，2014）。

　　1995 年 7 月 12 日至 16 日的芝加哥热浪，是近代以来美国最严重的灾害之一。两周后，又一场热浪袭来。无论从哪个角度看，这两次热浪的差别都是显著的。第二次热浪来袭时，当局做好了准备，成立了高温指挥中心，配备 200 名工作人员，还有更多的人员准备投入行动。医院急诊室和数百家疗养院都处于监测之下，看是否出现与高温有关的健康问题。当局调度了更多的救护车，建立了 70 个避暑中心。数百辆出租车与政府签订了合同，将老年人送往避暑中心。城市车辆也处于待命状态。社区中心和其他公共设施的开放时间延长。为了让人们知道如何保持凉爽，当局还广泛分发健康信息手册。当地媒体继续宣传警告，并督促人们密切关注邻居情况。当局设立了一条热线，转发有关避暑中心和其他支援服务的信息。这也意味着边缘人和孤立无援的人也可以和别人建立联系，并确保得到帮助。一支由城市雇员和志愿者组成的电话呼叫团队逐个给老年人打电话，确定他们的健康状况。另一些人被安排到有大量老年人独居的地区上门询问。的确，第二次热浪没有那么严重，但同样真实的是，由于灾害应对能力大幅度提升，伤亡率远没有那么糟糕。官方统计显示，只有两起与高温有关的死亡事故（Klinenberg，2003:225）。

建立正确的风险文化：更好的实践

灾害研究揭示了世界上不同的风险文化。其中一项研究是对水管理技术及其各自价值体系的跨国比较（Bijker，2007）。虽然荷兰堤坝和美国堤坝具有相同的功能，但它们的运作环境却完全不同。荷兰的洪水管理分散且高度民主。它是共识驱动的，荷兰公民对洪水问题非常了解。荷兰的水资源管理注重工程实践。由于1953年的风暴潮造成1800多人死亡，它在人们的记忆中留下了不可磨灭的烙印，荷兰堤坝不容许任何可感知的风险存在。举一个让人震撼的例子，马仕朗防风暴大坝是建立在连接鹿特丹和北海的水道上的风暴潮屏障。它的建立是为了防止城市的港口被淹没。这是一个工程奇迹，是地球上最大的移动结构之一。大坝每道闸门的长度与埃菲尔铁塔的高度相当，重量为其两倍。它的设计可以抵御万年一遇的洪水。相比之下，美国的洪水管理更为集中，实行分级管理，美国公民对相关问题了解不多。美国洪水管理注重科学研究，致力于研究足以抵御"百年一遇洪水"的海岸防御工程（Bijker，2007:119—121）。显然，两种方法中，前者更为可取。

正确的风险文化可以改变世界。每个人都知道东京电力公司的福岛第一核电站，但对同样位于海啸区的东北电力公司的女川核电站却不甚了解。在这两座核电站中，女川离震中更近，海啸波高度也比福岛高。国际原子能机构表示，在所有核电站中，女川核电站遭受了最强烈的震荡，但损失却很小。当福岛核反应堆发生灾难性熔毁时，女川核电站已安全关闭。我们该如何解释这些差异呢？

无论是地震还是海啸，都不能解释这一点。相反，我们必须深入研究能保全自己的群体或不能保全自己的群体的文化根源。福岛第一核电站有六个反应堆，全部面朝大海。其所有的应急电源（直流/交流电源、备用柴油发电机）都在现场。地震切断了外部电力供应，柴油发电机增加了反应堆内部的热量，海啸淹没了冷却电路、系统以及蓄电池。日本福岛核事故独立调查委员会的官方报告确定，这场灾难是可预测的，更是可预防的（Kurokawa cited in Ryu and Meshkati，2014:3）。

相比之下，女川核电站在建设之初就考虑到了安全。人们花了大量的时间和精力进行规划，进行档案研究和地质调查，以了解该地区的自然灾害历史，还进行了模拟和建模。高级管理人员举办了安全研讨会。核电站的位置和方向是首要考虑因素；反应堆的工作部件是次要考虑因素。这样，东北电力公司确保了他们有一座安全的建筑。然后，他们进一步确保拥有安全的电力供应，用五个独立的场外电路补充现场电力，以帮助为反应堆提供服务。这种对安全的重视，是女川最终建在 14.7 米高处的原因（东日本大地震前，该地区平均海啸高度为 3 米）。

东京电力公司有不同的优先考虑事项。他们优先考虑建筑成本和施工的便利性。为方便施工，他们现场将 35 米的海堤高度降低了 25 米。后来发现，他们算错了东北海岸的海啸高度——海啸的高度可能（而且会）高得多。这一事实在提请他们注意时被驳回。相比之下，在女川，他们努力植入一种强大的安全文化。灾害来临时，一支训练有素的应急小组立即行动起来。

东北电力公司视知识为力量。东京电力公司则认为无知是福。前者紧跟最新的地震学和海洋学信息，致力于持续改进。后者则不然。相反，东京电力公司参与了第三章所讨论的反政治／煽动偏见类型的实践，坚决维持现状。令人担忧的是，在东京电力公司看不到明显的安全文化。但是，安全文化是可以创造的。在众多事项中，行业专家建议采取以下措施，以建立正确的风险文化（Ryu and Meshkati，2014:24）：

1. 安全应被视为一项组织原则，并应体现在所有活动和决策过程中。

2. 安全应该被视为一种复杂的整体系统现象。

3. 要充分认识潜在的危险。

4. 组织应不断反思自己的工作实践。

5. 每个人都应该致力于整个系统的安全运行。

6. 活动应当是协调、可行和可管理的。

古巴因为飓风威胁方面的安全文化而备受赞誉，包括来自联合国和乐施会的赞扬。与邻国相比，它的死亡统计数字相对乐观。例如，2004年9月，飓风"伊万"横扫加勒比海时，在美国造成27人死亡，在格林纳达造成100人死亡，但在古巴却没有造成任何伤亡。对此，几个关键的成功因素已经明确。第一，古巴人在飓风风险方面接受了良好的教育；这种教育从学校系统的早期就开始了。因此，公民知道如何准备和应对这种紧急情况。第二，在飓风登陆之前，社区一级组织的专门小组走上街头，清理散乱的垃圾，保证安全。第三，中央政府和地方社区在疏散计划和实际疏散程序方面协调良好。所有人都可以疏散，协助疏散的交通工具随处可见。第四，切断燃气、电力供应，防范火灾。第五，现有的救灾小组迅速行动起来，确保所有人都能获得水、食物或必要的医疗。第六，政府致力于社区重建——与新奥尔良的企业负责重建不同（Gorry，2004）。这些策略都很容易效仿，它们能够拯救生命。从更全面的角度来看，它们也可以很好地节省资金。

我们当然也可以研发更好的技术，建造更好的建筑。新技术可以，而且确实有帮助。卫星和航空测绘在确定灾害破坏程度方面很有帮助，而新的预警技术则提醒我们注意山体滑坡和海啸。在第二章中，我们注意到了"癌症通道"的工业工厂化学品泄漏的长期记录。在这里，哪怕对技术做出一点微调，都会带来改变。"至少，应该为这类生产设施提供各种二级防护系统，如堤坝和挡墙。"（Picou，2009:51）

建筑再安全也不如不建造任何建筑安全。例如，塔尔萨有严重洪灾历史，这有据可查，它在联邦灾害申报中名列前茅。它习惯于依靠堤坝来保护自己免受洪水的侵袭，并允许在其洪泛区进行高水平的开发。1974年洪水过后，该市启动了一个协调减灾项目，保护措施落实到位。在两年后的一场洪水之后，河滩上的所有后续建筑都被叫停。下一次洪水过后，数百户家庭被重新安置。与陆军工程兵团建立了新的联系，并建造了一个滞洪区，以遏制河水泛滥。设立了一个新的暴雨管理单位，并收取雨水公用事业费。该市通过实施严格的防洪建筑法规，收购了一千座易受洪水影响的住宅，并保护大部分洪泛地区免于开发。通过这些努力，塔尔萨现在在降低洪水风险方面获得了更好的评级（Tierney，2014:193）。这清楚地表明，健全的建筑规范和实践会带来安全方面的巨大差异（另见 Tierney，2014:13—14，讨论由此原因造成的北岭地震和神户地震伤亡人数的巨大差异）。

非营利组织建设与改变组织（Build Change）的创始人伊丽莎白·豪斯勒（Elizabeth Hausler），致力于在发展中国家设计和建造抗震住宅。她的组织注意到印度尼西亚一些建筑做法的弱点，即热多孔砖往往是在干燥时铺设的。这意味着它们会吸收砂浆，因此无法正常黏附。通过在施工前简单地润湿砖块，墙体强度可以增加一倍（McKenna，2011）。其他人则被说服用木材建造房屋，因为木材对地震的抵抗力更强，或者使用封闭的砌体结构，用加固的梁和柱来固定砌体。日本人是世界上公认的抗震建筑领导者。他们现在对多层建筑有严格的建筑规范，包括额外的支撑、地基隔离垫和使用液压减震器的能量耗散装置（Glanz and Onishi，2011）。因此，当东日本大地震发生时，《纽约时报》报道的标题为："日本严格的建筑规范拯救了生命"。

我们也可以建立更好的系统。在第四章和第五章中，我们讨论了日益增长的技术互联性所带来的新的风险和脆弱性。到目前为止，更值得注意的一点不是事故的发生，鉴于复杂的控制论系统每天每时每刻都在以光速做出数以百万计的决定，因此事故很少发生。还需要指出的是，隔离通常比连接更具灾难性。在承认新的脆弱性源于相互联系的同时，我们也应该注意到随之而来的新的复原力水平。供应链中断可能是一个严重的问题，但与过去的局部灾难（如饥荒）相比，它们显得微不足道。在传统时代，饥荒会毁灭一个社区，而现在，后勤方面的保障足以避免这种灾难性事件的发生。

风险分析人士建议，在复杂的交互系统中建立冗余，开发（不同操作的）并行备用系统，限制系统规模，在可行的情况下建立具有解耦潜力的实时反馈，纳入系统薄弱环节（以便中断出现在可预测的，最好是微不足道的地方），以及纳入可使系统减速的摩擦效应，如金融市场急剧下跌时收取交易费。在某些领域，减少连接可能是明智的，这样也可以降低耦合度。此外，建议更好地理解"黑天鹅"事件的参数和概率分布，更多地关注反馈回路，考虑人为因素（如忽视）的相关性，接受不可能的事是可能的，并努力解决其后果。德克·赫尔宾（2013:55&56）总结道："为了实现更好的风险评估并降低风险，我们需要个人和机构决策者的透明度、问责制、责任感和意识。"这一结论对政治、经济体系和技术体系同样有效。

虽然大部分灾害文献关注的都是具体的事件，但在第八章，我们倡导跳出具体事件，进行系统思考。研究复杂组织的社会学家也认同这种方法，他们建议也要考虑那些导致灾害的基础结构性因素。这将引导我们走进减少脆弱性的工作。对于佩罗（2007）来说，我们通过避免三大风险因素，即能源、人口和权力（包括政治和经济的）集中来做到这一点。能源的集中是指水坝后的储水以及有毒和爆炸性材料的储存。在冲积平原等人口高密度地区，特别要避免人口集中，如洪泛平原等危险地区，这也会增加额外的基础设施压力和接近集中的能源。佩罗还警告说，要防止垄断的趋势，他称之为"单一文化"。通常情况下，第三个风险因素通过放松管制和私有化允许第一个风险因素存在。

在现代网络世界中，佩罗将信息的集中视为另一个风险因素。马克·古德曼（Marc Goodman，2012）在他的文章《黑暗数据》（"Dark Data"）中指出了大数据数字革命的负面影响。他指出，没有一项技术能够逃避黑客袭击。索尼游戏平台遭遇黑客攻击就是一个令人担忧的先例："超过一亿人的账户遭到攻击，密码被窃取。在人类历史上，从来没有一个人可以抢劫一亿人——但我们的互联性和大规模数据存储使这成为可能。"（Goodman，2012:76）

虽然古德曼指出了大数据的消极方面，但科学和技术研究却告诉我们，技术从来不是简单的好、坏或无所谓。它们的影响和意义可以在使用的文化中找到。虽然我们无疑将继续生活在连接性的负面因素（欺诈、越来越多的国家和企业监控）中，但这些技术也可以被用于集体福利、协助减灾和实现以人为本的行动。例如，谷歌的危机应对措施已经得到认可（http://www.google.org/crisisresponse/）。它包括公共警报、合作机会和第一反应者工具。推特已经成功地用于预测流感流行（Stilo et al.，2014），帮助洪水防御（PetaJakarta.org，2014），灾害响应的微任务（Gilbert-Knight，2013），并在灾难发生时帮助社区活动人士和募捐者（Murthy，2012）。事实上，现在已经有了关于"危机信息学"的文献（见Palen收集的数据库，2013）。有关这方面的更多信息，请参阅Techsoup公司（2013）的《技术为善》（*Technology for Good*）报告。

为了降低风险，佩罗指出，我们需要从集中化转向"去集中化"，从附庸关系转向相互依赖关系。这包括将表面现象与实际情况分开。例如，互联网看起来像一个相互依赖的系统，但我们大多数人都依赖于微软的产品。首先，人们应该寻求建立基于共性和互惠的关系（这里我们也可以考虑赠予文化，比如开源运动）。佩罗认为，实现这一切的机制主要是监管：公共部门的良好治理，包括高水平的公民参与（很快会有更多）和透明度，以及对私营部门的有力监管（包括反托拉斯立法）。佩罗还提醒我们，除了监管失灵外，还有另外两种类型的失灵：组织失灵，即经常性的、引人注目的重大系统错误；执行失灵，即领导者没有注意到下属发出的警告信号。这两种情况都会破坏健康的安全文化。佩罗（1984:64）从他早期关于正常事故的工作中得出的教训，在这里也是相宜的：我们应该修改我们的系统管理，放弃风险可以接受的想法，在可能的情况下寻求建立松散的耦合，并放弃那些事故后果过于严重的系统，例如，核电。

这些转变是一项重大但必要的挑战。它们还涉及调整风险评估和我们的愿景。佩罗说，风险评估可以有效地从概率性评估转向"可能性"评估：当最坏的情况发生时，是什么样子的？正如我们一再看到的，不可能的事情会发生。是否有些经济、政治或技术的安排因其风险太大，不能允许？事故和灾难并不是随意就会发生的：会有前兆、有担忧和有警告，以及会出现"危险信号"。我们应该注意这些警告。此外，为了（在商业和政治上的）短期利益而做出的决定应该转向长期利益。这就是通往可持续解决方案的道路。最后，佩罗建议在可能的情况下建立复原力。遏制高脆弱性地区（他提到了加州和佛罗里达州）的增长，强制推行灾害性损失保险，并根据需要而不是根据政治惠顾的要求分配救济。鉴于风险和贫困之间的公认联系，以及我们在第八章中关于社会剖析的讨论，我们应该倡导严肃的收入再分配和加强社会资本的政策。乌尔里希·贝克（2005:7—8，182—183）提供了更多潜在的解决方案，这些方案通过推动世界性取向，承认人们、他们的国家、经济和环境之间的全球联系。通过政治消费（抵制）、国有化和重新监管等行为，可以进一步减少风险行为。

这些都很有道理，但上面提到的大多数解决方案都是技术官僚式的。它们依赖于政客和官方当局。把它们单独交给专家和政客似乎是一个冒险的策略。他们的行动符合我们的利益吗？他们的行动符合地球的利益吗？他们值得我们信任吗？（请参阅第四章）此外，正如我们在第四章所质疑的，谁才是真正的专家（如我们所见，佩罗本人、怀恩等人的实证研究向我们表明，不存在这样一个无所不知的权威）？我们不仅仅是在探究当今社会技术系统的复杂性，也是在探究更为宽泛的东西。当然，专家不仅仅是那些研究问题或可能从中获益的人，也是那些生活在这些问题中并很可能深受其害的人。难道他们没有什么贡献吗？

现在有一些新兴的社会学文献致力于我们的民主制度中存在的问题，其基本观点是，现在的政府似乎是人民的政府，但不是由人民来管理，没有做到为人民服务。社会学家观察到原子化和个性化水平的上升（Putnam，2000），以及相应的社区和公民社会的侵蚀。科林·克劳奇（Colin Crouch，2004）认为，我们正在进入一个后民主的范式，而曼努埃尔·卡斯特尔（Manuel Castells，2005）则认为，我们正在目睹一场全面的"民主危机"。灾害社会学家还指出，民主治理受损、透明度和问责制水平降低会增加风险（Clarke，1989；Tierney，2014:57）。

米歇尔·卡隆（Michel Callon，见 Barry and Slater，2002）认为，标准民主程序和市场实践——他称之为"代表式"民主——存在的一个问题是，它们会造成溢出。经济学家将这些理解为外部性。卡隆提请注意社会学上两种有趣的溢出类型，即不可预见的影响和意外的问题。他称他们为孤儿和受伤害群体。孤儿群体规模太小，在政治上或经济上都无法计算，也没有可行的市场。受伤害的群体是那些遭受溢出（如污染）的群体。以卡隆的思维方式，受伤害的群体和孤儿应该被纳入决策考虑中，因为这些决策与他们的生活休戚相关。卡隆（2009）与皮埃尔·拉斯科（Pierre Lascomes）、亚尼克·巴特（Yannick Barthe）专注于科技进步和争议方面的研究，但考虑到大量的灾害文献得出了一些相当一致的结论：要确保有意义的社区重建和持续的复原力，成功的社区参与十分必要（Campanella，2006；Aldrich，2011；Collins et al.，2011；Scribner and Herzer，2011）。我们也可以将他们的见解应用到民主化这个领域。民主的民主化，也就是他们所说的"对话式"民主的发展，只能是健康的。如果灾后决策（和社区）不是为我们做的，而是和我们一起做的，就会更加有力和公平（Kweit and Kweit，2004）。现在需要的是对我们的政治制度进行技术上的升级。为此，卡隆等人建议发展由公民、专家和政治家组成的"混合论坛"。

正如卡隆和他的合著者所看到的，标准的代表式民主存在几个问题。首先，它设定了两个分界线：专家和外行之间的，以及当选代表和普通公民之间的。如果民主仅仅是每隔几年往投票箱里投一张纸，那它就不是特别民主了。有些人参与了这一过程，但有些人将被排除在外（如那些未达到法定投票年龄的人或太过虚弱而无法前往投票站的人）。与此相关的一个问题是，当投票者可以作为集体的职能成员生活和被识别时，群体就被简化为投票的个人。通常情况下，在投票或参与某种形式的公投时，选项的数量是有限的，也许只有"是"或"否"的回答。一旦票数统计完毕，就会任命代表。这意味着民众被简化为他们的代表，也意味着被代表的人被成功地禁言了。

解决这种民主弊病的办法是创建混合论坛，突出外部性和排除性。这些混合论坛可以采取各种形式：焦点小组、公众质询、共识会议、公民小组和陪审团。这些审议机构包括公民、专家和政治家。它们该如何产生呢？卡隆等人认为，每一次争议（或灾害）都会产生新的参与者，这可能是那些突然发现自己住在拟建的核废料储存点附近社区的人，也可能是那些因山体滑坡或地震而流离失所的人。随后就会形成新兴群体。当局的任务是了解他们的组成、他们的关注点和他们的期望。因此，我们可以将这个初始阶段视为与身份问题有关的阶段：寻求被倾听。当其他有关和感兴趣的团体得到承认和关注时，就会取得进展。第二阶段的特点是愿意倾听。当这些团体经过妥协和调整后合并成一个集体时，我们就有了一个成功的结果。它的标志是"集体实验和学习"（Callon et al.，2009:9），创造一个新的共同世界，这应该是政治的正确基础。

在评估了西欧的多个类似项目后，他们认为，对话论坛要想成功并有意义，需要各种协会、媒体和公共当局的参与。他们还观察到了不同程度的成功。他们根据三个标准来衡量：强度、开放性和质量。第一，任何对话论坛必须在灾害或争议发生之初就包括外行团体，它们必须对集体的组成表现出强烈的关注。第二，必须包括各种不同的团体，理想情况下，这些团体应该独立于早在当前问题出现之前就已经建立起来的利益集团。官方发言人也应该真正代表其所属团体。第三，所提出的问题应是严肃和有价值的，而且应注意所提出问题的连续性。第四，我们进入实施阶段。有三个问题值得铭记：其一，各有关方面是否能够到场参与辩论？其二，透明度——辩论是否做到了真正公开？其三，清晰度——所有相关人员是否都清楚地认识到了构成辩论框架的规则？

这里的结束语实际上是一个问题。在西方国家，这些做法对具有风险社会象征意义的科学和技术争议发挥了作用，那么在非西方社会和灾害方面，它们是否能发挥作用？更具挑衅性的说法是，一个参与海地重建的混合论坛会不会把美国"粮食换和平"预算的 75% 用于购买美国的农业盈余，会不会让美国国防部成为最大的单一援助受益人呢？

（Haiti Justice Alliance，2011）

灾难社区

　　2014 年 12 月 10 日，《卫报》（ *The Guardian* ）刊登了一篇印度洋海啸十年后的图片文章，它展示了班达亚齐的一系列图像。班达亚齐是受灾最严重国家中受灾最严重的地区，不论是当时还是现在，都是如此。每张展示灾难破坏的图片都让人胆战心惊。第一张是兰普克的一座清真寺。它是唯一屹立在海边的建筑，尽管两座尖塔都已经倒塌。镜头中的其他一些地基几乎看不出来。零星的几棵树仍然指向天空。两架军用直升机从高空俯瞰破坏情况。大地看起来被烤焦了。点击图片，会看到这个地方今天的样子。清真寺恢复了昔日的光彩，一个完整的村庄在它的周围拔地而起，贫瘠的土地被茂密的植被所取代。色调已经从棕色和蓝色变成了绿色和蓝色。我们能强烈地感受到这个地区的丰饶。在该系列的第二幅作品中，一艘船搁浅在一所房子的顶部。碎石散落一地。这里有倒塌的墙壁上的砖石板、屋顶上的波纹铁板、横梁、电线杆和砖块。镜头的右边是一辆被压扁的汽车，前景是一个极度沮丧的男人。如果不是那艘极不协调的泊船，我们很容易认为我们看到的是一个战区。这种景象确实令人窒息。你怎么才能开始清理这样的东西呢？点击图片，它便会让位给一个新的景象。代替这种杂乱状态的是一幅全新的景象。船仍在那里，但已被清理干净，并加固好了。它现在是一个纪念馆。植物恢复了生命力，这里看起来很干净。镜头中间是一位抱着小孩的老妇人。如果说前两张图片说明了大自然的原始力量，那么后面的图片则证明了人类精神的不屈不挠和集体重建的能力。社区被完全摧毁后，可以在十年内得以重建，这为我们的希望提供了终极资源。

当然，重要的是，当灾害来袭时，不要过分乐观。伏尔泰认为一切都是最好的，卢梭对此感到反感，我们也应该拒绝这种立场。少数民族经常发现他们要么被当作造成这种事件的替罪羊，要么在灾后重建时受到次级待遇（Tierney，2007:510—513）。例如，从性别角度来看，学者们写到妇女的"双重灾难"（Bradshaw and Fordham，2015），这源于灾害本身和基于性别歧视的灾难性后果，表现为得到更少资源，却遭到更多亲密关系中的暴力。我们对卡特里娜飓风的讨论也表明，不平等现象在灾前、灾中和灾后都有表现。这里，吉恩－皮埃尔·迪普伊（Jean-Pierre Dupuy，2009）的"开明的末日预言"似乎更合适，因为"虽然乐观主义在一个层面上是理性的，末日预言则在另一个层面上是理性的，它超越了第一个层面，因为它是从前方航程结束的角度看待未来，而不是从正在展开的航程角度来看"。我们将在结尾回到这一点。目前，我们只想说，这需要一种想象上的飞跃，跳到灾难发生后的那一点，在那里我们可以开始看到导致灾害的所有要点。

尽管如此，我们仍然可以发现灾难中的乌托邦时刻，即人们处于维克托·特纳（Victor Turner，1986）所说的"虚拟语气"的时刻。虚拟语气有别于"指示性语气"。指示性语气与现实世界的日常有关。相比之下，虚拟语气指向可能发生的事情。特纳是一位对社会戏剧感兴趣的表演人类学家，他所说的社会戏剧指的是有序且具冲突性的社会互动。对于特纳（1986）来说，这些互动类似于灾害，也包括灾害，因为它们是打破社会正常运作的事件。它们的主要信号是危机。随之而来的是修复社会结构的尝试。群体可能决定重新融合，也可能倾向于分道扬镳。即使对重返社会孜孜以求，在急剧变化的环境下这也可能失败。在这种情况下，可能会出现更多革命性的措施。在这些阈限时刻，一个空间被打开，在这里，人们可以重新思考社会，创造新的世界。特纳（1986:25）写道："正如动词的虚拟语气被用来表达假设、愿望、假说或可能性，而不是陈述事实一样，阈限和阈限现象也将所有事实和常识系统溶解为它们的组成部分，并以自然或习俗中从未发现的方式与它们'玩耍'。"

特纳（1986:101—102）把灾难、狂欢和社区联系起来。他将后者定义为一个平等的流动社区（见 Jencson，2001）。这可以从社区对自然灾害和人为灾害的反应中观察到。公共空间的占领和改造就是证明。就像狂欢节一样，日常被颠倒了，地位被拉平了，平等凸显出来，因而出现了一个创造性的社区，它致力于建设一个更好的世界。自相矛盾的是，灾难确实给了我们乐观的理由。奥利弗－史密斯（1999）提到了他对 1970 年 5 月 31 日秘鲁地震的十年研究（在前一章中讨论过），指出在灾害中这种情况的终止。云盖区受到的影响尤其严重。一场雪崩实际上毁灭了这个区。几乎在第一时间，幸存者对伤员进行了急救，并寻找失踪者。在与世隔绝的几天里，他们组成小组，寻找物资，建造庇护所，照顾伤员。那些有余粮和牲畜的，将它们捐赠给集体。以前的区别，如城市或农村，印第安人或非印第安人，富人或穷人，都失去了意义。现在，这个集体自我认同为"我们都是兄弟"。

一旦外来援助开始涌入，跨越阶级和种族差异的牢固纽带就开始松动。尽管如此，这个社区的关系仍然非常紧密，足以抵制中央政府的城市搬迁计划。他们成功地击退了大都市的政客，并在两年的时间里重建了他们的省会。困难是真实存在的，但共同的目标感也是真实的。其中一位当地人甚至把他们的经历称为"美丽"（回想一下在第二章中索尔尼特对灾难的"快乐"的评论）。奥利弗－史密斯（1999:168）总结说："也许需要考虑减少外部支援，而更多地探索适合当地文化的方式，以培养灾后团结所代表的潜力。"或者，重申伊莎贝尔·杜塞特（Isabeau Doucet）和伊莎贝尔·麦克唐纳（Isabeau Macdonald）（2012:79）的说法，我们可以说，灾难受害者不应该与其自身的悲剧经历分离。为了避免"双重灾难"，我们还需要解决日常不平等问题，因为灾害发生后，少数群体在整个一生中都会受到歧视：他们在灾难之前、之中和之后都会受到歧视（Bradshaw and Fordham，2015:246）。

索尔尼特（2005:36）也发现了灾难、狂欢和对新形式的公共社区的渴望之间的联系。她的长篇巨著研究考察了历史上和当代一系列的事故和灾害：1906年旧金山地震、1917年新斯科舍省哈利法克斯的"勃朗峰"号轮船爆炸、1985年的墨西哥城地震、"9·11"事件和卡特里娜飓风。在每一个例子中，她都发现了一种模式，即灾害为新类型的优先事项创造了空间。现在优先于过去和未来，公民社会优先于正式的国家结构，社会优先于个人，公共优先于私人。例如，卡特里娜飓风过后，20多万人为陌生人提供庇护，数万人参与墨西哥湾沿岸的清理工作（Solnit，2009:2）。同样，世贸中心遭袭后，曼哈顿的疏散是"我们历史上最大规模的水上疏散"（Perrow，2007:297）。其他值得注意的例子包括2004年发生在斯里兰卡的印度洋海啸，在灾害发生后的几天里，原本不可能的事情发生了：军队和社区团体、泰米尔伊拉姆猛虎解放组织（LTTE）和政府都为共同利益而通力合作（Frerks，2009:8）。还有2014年4月的波黑和塞尔维亚洪水。一场有记录以来最严重的洪水灾害，造成了100万人流离失所、数千次山体滑坡。据预测，经济损失达数十亿美元。克罗地亚、斯洛文尼亚和马其顿等邻国，不分种族、背景，迅速提供援助。但在波斯尼亚和黑塞哥维那，政府却忽视了大部分人口。在没有国家保护的情况下，当地人团结起来，互帮互助。在萨马克这样的北方城镇，穆斯林帮助塞族人。长期以来被视为塞尔维亚民族主义热土的贝尔格莱德红星组织的支持者，通过社交媒体帮助波黑和克罗地亚的紧急救援工作。在巴尼亚卢卡，塞族人前来帮助穆斯林。战争期间，塞尔维亚军队摧毁了波黑第二大城市的所有清真寺。当地一名穆夫提[①]说："在这场悲剧中，我非常高兴地看到人与人之间的这种团结，他们慷慨地互相帮助。"（Camdzic quoted in Geoghegan，2014）

所有这些事件都揭示了人类的积极品质，灾难使人团结。处于危险中的人得到救援，饥饿的人得到食物，无家可归的人得到庇护，孤独的人得到照顾。对陌生人有一种善意。个人为了集体利益团结起来，产生了新形式的社会资本。人们会冒着生命危险去拯救那些不知姓名的其他人："在灾难之后，人类将自己重新设定为利他主义、社区主义、足智多谋和富有想象力的人。"（Solnit，2009:18）灾难中有公共社区。有证据表明，亲属、同事和路人是第一反应者，也是最好的反应者（Clarke in Perrow，2007:4），而媒体渲染的关于抢劫、混乱和歇斯底里的报道基本上都是虚构的（Knowles，2011:209—249）。灾害研究者一致认为，"社会具有非凡的复原力……单一的灾难性事件不会摧毁社会纽带"（Alexander，2006a:7）。事实上，具有里程碑意义的研究，如《战略轰炸对德国士气的影响》（*The Effects of Strategic Bombing on German Morale*，1947）和《灾难情况下的人类反应》（*Human Reactions in Disaster Situations*，1954）都明确地表明，"灾害带来了社区中的亲社会和创新行

为"（Knowles，2011:213）。

　　灾害带来了一种彼此相依的状态。它们"提供了一个了解社会欲望和可能性的特别窗口，这个窗口展现出来的信息不论在何时何地都同样重要"（Solnit，2009:6）。那么，这就是灾害的最终启示：我们是谁。索尔尼特（2009:305—306）总结说，我们是有复原力的、慷慨的，我们致力于以不同的方式做事的可能性，渴望人类的联系和相互作用。在这些问题上，她的盟友是西格蒙德·弗洛伊德。在灾难中，我们发现了文明的精华：抑制本能的驱使和自私，而选择利于他人的导向。对于弗洛伊德（1962）来说，文明的功能是控制自然和人类。它保护我们免受大自然的侵害；它是自然人性化的。文明调节人际关系，分配财富。它保护我们不受本能的伤害。人类不能独自生活，对自我利益的不断追求是集体毁灭性的。当然，完全掌握自然是一种幻想。地震、极端天气事件和疾病仍然威胁着我们。尽管如此，弗洛伊德（1962:12）写道："人类所能提供的为数不多的令人欣慰和激动的印象之一是，当人类面对一场基本的灾害时，它忘记了其文明的不和谐之处，放下一切内部困难和敌意，重拾自己应当担负的伟大的共同任务：同强大的自然力量抗争，以保护自己。"

今天的灾难，明天的乌托邦

佛朗哥·贝拉尔迪（Franco Berardi，2011:52&175）认为未来已经结束，他的意思是未来不再是希望的来源。原本的未来具有乌托邦的功能，是建立在两个假设之上的，这两个假设都是通过科学家和技术人员的调节而实现的：未来可以被了解，也可以被改变。贝拉尔迪认为，我们的社会技术组合——特别是那些承载信息的组合——的速度和复杂性是如此之快之强，以致怀疑和悲观主义盛行。我们不能预知未来，更无法掌握未来。这一点对个人和集体都适用。因此，举例来说，当八国集团（G8）这样的强大组织开会讨论诸如人为气候变化之类的潜在灾难性事件时，他们将理想的排放目标推到了未来，而在当前却无计可施。推迟——齐泽克称之为"拜物教的拒绝"——本身就是一场灾难。

我们习惯于谈论末日：启蒙运动的末日，历史的末日，自然的末日，现在，未来的末日。我们如何才能超越末日？借鉴吉恩－皮埃尔·迪普伊的观点，齐泽克提出了一个答案：就像末日已经来临一样行动。这是应对当前社会和生态灾难的唯一方法。具体地说，齐泽克建议将迪普伊的"项目时间"作为一种超越标准的、从过去到未来的时间性概念的方法。

未来是由先前的行为产生的，而我们现在的行为是基于我们对未来的预期（以及我们对这种预期的反应）。因此，为了应对这场危机，我们不应该评估灾难发生的可能性：有可能吗？（正如他在《活在末世》中所写的："不可能正在变成可能。"）相反，我们应该把灾难看作是命运，大写的"命"。只有当我们确信会发生这样的大灾难时，我们才会有所作为。然而，对危机的充分认识为时已晚。"这就是迪普伊悖论的公式，"齐泽克（2012）写道，

> 我们必须接受这样一个事实：在可能性的层面上，我们的未来是注定的，灾难将发生，这是我们的命运——在接受这一事实的背景下，我们应该动员自己采取行动，去改变命运本身。与其说"未来依然开放，我们仍有时间采取行动，以防止最坏的情况发生"，还不如先接受灾难是不可避免的事实，然后采取行动，追溯撤销已经"写在星星上"的命运。

那么，开辟通向更美好未来的道路，首先是建立一个更美好的现

在。我们需要打破我们对目前经济和社会结构的忠诚，因为目前的结构反对生命和生命系统、使财富两极分化并毒害地球。当前的目标必须是解放人类、实现平等和环境可持续性。地球的资源是有限的，但人类的想象力却不是。要把从未创造过的东西变出来，把几乎没有梦想过的东西具体化，是很困难的。但这就是我们的任务。我们需要超越对更多利润和更多产品的追求，走向一种新的存在形式，这一次，它并不是一种新的统治形式。灾难已经发生了。现在我们必须设法摆脱它。只有这样，我们共同的未来才值得期待。在这个过程中，我建议应该遵循两条指导原则和一个指导问题。这两条原则是没有其他人（可利用）和没有转化（成本外部化）。一切行动应考虑的指导问题是：这是否有助于改善生活和生活条件？

致 谢

感谢由菲利帕·格兰德（Philippa Grand）领导的帕尔格雷夫（Palgrave）团队。

感谢奥克兰大学文学院暑期研究学者项目提供的资金支持，感谢相关学者——艾瓦·丹罗格（Ava Danlog）和佐伊·特里安达菲利迪斯（Zoi Triandafilidis）——付出的辛勤劳动。尤其是艾瓦，她还帮助进行了校对。另外，还要感谢布伦登·怀特（Brendon Wyatt），作为研究助理，他发现了对我来说非常有用的材料。

本书中的许多观点是在奥克兰大学的系列研讨会上首次提出的，感谢我的同事和社会学研究生们提供的有益反馈。也感谢在澳大利亚、新西兰、瑞士和英国的会议上参与这项研究的所有听众。特别要感谢科林·克雷明，是他指出了最初的绪论部分是多么晦涩难懂。我还想对我的前同事比尔·巴恩斯（Bill Barnes）表示衷心感谢。

本书借鉴了已在其他地方以不同形式发表的研究成果：

Matthewman，S.（2014）"Dealing with Disasters：Some Warnings from Science and Technology Studies（STS）"，in volume 4，issue 1 of the *Journal of Integrated Disaster Risk Management*（IDRiM）.

With Hugh Byrd（2014）"Exergy and the City：The Technology and Sociology of Power（Failure）"，in volume 21，issue 3 of the *Journal of Urban Technology*.

With Hugh Byrd（2014）"Blackouts：A Sociology of Electrical Power Failure"，in volume 7，issue 1 of *Social Space（Przestrzeń Społeczna）*.

Matthewman，S.（2013）"Accidentology：A Critical Assessment of Paul Virilio's Political Economy of Speed"，in volume 9，issue 3 of *Cultural Politics*.

Matthewman，S.（2012）"Accidentology：Towards a Sociology of accidents and disasters"，in volume 1，issue 2 of the *International and Multi-disciplinary Journal of Social Sciences*.

Matthewman，S.（2011）"Waiting to Happen：The Accident in Sociology"，was published as a book chapter in Adriana Mica，Arkadiusz Peisert and Jan Winczorek's edited collection *Sociology and the Unintended*（Peter Lang）.

我想感谢编辑和出版社允许它们在本书重现。

本书的最终成书要归功于两次偶然的邂逅，一次是在纽黑文与查尔斯·佩罗教授共进午餐，一次是在奥克兰与埃里克·奥林·赖特教授共进晚餐。前者告诉我，我的书稿"太后现代"，而后者则说，它不应该仅仅是一部批判社会学的作品，还应该是一部解放性的作品。这两点都很有道理。当然，错误和遗漏仍然是我一个人的。

最后，感谢我的妻子特蕾西（Tracey）和我们的大家庭，感谢他们的爱和不断的支持。

参考文献

Abram, Nerili J., Mulvaney, Robert, Wolff, Eric W., Triest, Jack, Kipfstuhl, Sepp, Trusel, Luke D., Vimeux, Françoise, Fleet, Louis and Arrowsmith, Carol (2013) 'Acceleration of Snow Melt in an Antarctic Peninsula Ice Core During the Twentieth Century', *Nature Geoscience*, 6: 404–411.

Adams, Vincanne (2012) 'The Other Road to Serfdom: Recovery by the Market and the Affect Economy in New Orleans', *Public Culture*, 24 (1) : 185–216.

Adams, Vincanne, Van Hattum, Taslim and English, Diana (2009) 'Chronic Disaster Syndrome: Displacement, Disaster Capitalism, and the Eviction of the Poor from New Orleans', *American Ethnologist*, 36 (4) : 615–636.

Adams, William C. (1986) 'Whose Lives Count? TV Coverage of Natural Disasters', *Journal of Communication*, 36 (2) : 113–122.

Aguirre, B.E. and Quarantelli, E.L. (2009) 'Phenomenology of Death Counts in Disasters: The Invisible Dead in the 9.11 WTC Attack', *International Journal of Mass Emergencies and Disasters*, 26 (1) : 19–39.

Aldrich, Daniel P. (2011) 'The Power of People: Social Capital's Role in Recovery from the 1995 Kobe Earthquake', *Natural Hazards*, 56: DOI 10.1007/ s11069-010-9577-7.

Alexander, David (2014) 'Communicating Earthquake Risk to the Public: The Trial of the "L'Aquila Seven" ', *Natural Hazards*, 72: 1159–1173.

Alexander, David (2013) 'Talk no. 1: There is Nothing More Practical than a Theoretical Approach to Disasters', *Disaster Planning and Emergency Management*, 17 May, available: http://emergency-planning.blogspot.co.nz/2013/05/talk-no-1-there-is-nothing-more.html, accessed 14 January 2014.

Alexander, David (2012) 'The "Titanic Syndrome": Risk and Crisis Management on the Costa Concordia', *Journal of Homeland Security and Emergency Management*, 9 (1) : DOI: 10.1515/1547-7355.1998.

Alexander, David (2011) 'Sense and Sensibility about Terrorism', IDRiM *Journal*, 1 (1) , available: http://www.idrim.net/index.php/idrim/article/view/8, accessed 17 December

2014.

Alexander, David (2006a) 'Globalization of Disaster: Trends, Problems and Dilemmas', *Journal of International Affairs*, 59 (2) : 1–22.

Alexander, David (2006b) 'Symbolic and Practical Interpretations of the Hurricane Katrina Disaster in New Orleans', *Understanding Katrina: Perspectives from the Social Sciences*, 11 June, available: http://understandingkatrina.ssrc. org/Alexander/, accessed 7 October 2014.

Alexander, David (2005) 'An Interpretation of Disaster in Terms of Changes in Culture, Society and International Relations', in R.W. Perry and E.L. Quarantelli (eds) *What is a Disaster? New Answers to Old Questions* (Xlibris: International Research Committee on Disasters) , pp. 29–38.

Alexievich, Svetlana (2006) *Voices from Chernobyl: The Oral History of a Nuclear Disaster* (New York: Picador).

Althusser, Louis (2006) *Philosophy of the Encounter: Later Writings, 1978–87* (London: Verso).

American Energy Innovation Council (2011) *Catalyzing American Ingenuity: The Role of Government in Energy Innovation* (Washington, DC: Bipartisan Policy Center) , available: http://americanenergyinnovation.org/catalyzing-ingenuity-2011/, accessed 24 February 2014.

American Society of Civil Engineers (2009) *Report Card of America's Infrastructure*, available: http://www.asce.org/reportcard, accessed 24 February 2014.

Amin, S. Massoud (2011) 'US Electrical Grid Gets Less Reliable', *The Economist*, 10 January, available: http://ideas.economist.com/blog/us-electric-grid-gets-less-reliable, accessed 12 November 2014.

Amin, S. Massoud and Schewe, Phillip F. (2007) 'Preventing Blackouts', *Scientific American*, May, 60–7.

Associated Press (2013) 'Costa Concordia Salvage: Success Boosts Pride for Shamed Italy', *The Independent*, 18 September, available: http://www.independent.co.uk/news/world/europe/costa-concordia-salvage-success-boosts-pride-for-shamed-italy-8824981.html, accessed 20 September 2013.

Austin, Kelly and Clark, Brett (2012) 'Tearing Down Mountains: Using Spatial and Metabolic Analysis to Investigate the Socio-Ecological Contradictions of Coal Extraction in Appalachia', *Critical Sociology*, 38 (3) : 437–457.

Badiou, Alain (2010) *The Communist Hypothesis* (London: Verso).

Bakan, Joel (2005) *The Corporation: The Pathological Pursuit of Profit and Power* (New York: Free Press).

Barcott, B. (2011) 'Pipeline Through Paradise', *National Geographic*, August, 220 (2) : 54–63.

Barnshaw, John and Trainor, Joseph (2007) 'Race, Class and Capital amidst the Hurricane Katrina Diaspora', in David L. Brunsma, David Overfelt, and J. Steven Picou (eds) *The Sociology of Katrina: Perspectives on a Modern Catastrophe* (New York: Rowman and Littlefield) , pp. 103–118.

Barnosky, Anthony D. et al. (2011) 'Has the Earth's Sixth Mass Extinction Event Already Arrived?', *Nature*, 471 (7336) , available: http://www.nature.com/nature/journal/v471/n7336/full/nature09678.html, accessed 6 January 2015.

Barry, A. (2002) 'Political Events', *Workshop on The Governmental and the Political*, University of Keele, June, available: http://www.gold.ac.uk/media/barry_political_events.pdf, accessed 2 October 2012.

Barry, Andrew and Don Slater (2002) 'Technology, Politics and the Market: An Interview with Michel Callon', *Economy and Society*, 31:2, 285–306, DOI: 10.1080/03085140220123171.

Barry, John M. (1997) *Rising Tide: The Great Mississippi Flood of 1927 and How It Changed America* (New York: Simon & Schuster).

Baudrillard, Jean (2010) *The Agony of Power*, trans. A. Hodges (Los Angeles:

Semiotext (e)).

Baudrillard, Jean (2008) *The Perfect Crime*, trans. C. Turner (London: Verso).

Baudrillard, Jean (2005a) *The Intelligence of Evil or the Lucidity Pact*, trans. Chris Turner (Oxford: Berg).

Baudrillard, Jean (2005b) *The System of Objects*, trans. James Benedict (London: Verso).

Baudrillard, Jean (2003) *Cool Memories IV 1995–2000*, trans. C. Turner (London: Verso).

Baudrillard, Jean (2002) *Screened Out* (London: Verso).

Baudrillard, Jean (1995) *The Gulf War Did Not Take Place*, trans. P. Patton (Bloomington & Indianapolis: Indiana University Press).

Baudrillard, Jean (1994) *Simulacra and Simulation*, trans. S. Glaser (Ann Arbor: University of Michigan Press).

Bauman, Zygmunt (2011) 'No One is in Control: That is the Major Source of Contemporary Fear', *The Guardian*, 11 September, available: http://www.guardian.co.uk/commentisfree/video/2011/sep/01/zygmunt-bauman-terrorism-video, accessed 26 May 2012.

Bauman, Zygmunt (2006) *Liquid Fear* (Cambridge: Polity).

Bauman, Zygmunt (2004) *Wasted Lives: Modernity and its Outcasts* (Cambridge: Polity).

Bauman, Zygmunt (2000) *Liquid Modernity* (Cambridge: Polity).

Bauman, Zygmunt and Łukasz Gałecki (2005) 'The Unwinnable War: An Interview with Zygmunt Bauman', *Open Democracy*, 1 December, available: http://www.opendemocracy.net/globalization-vision_reflections/modernity_3082.jsp, accessed 26 May 2012.

Bayer, Kurt (2013) 'Police: No Case against CTV Man', *The New Zealand Herald*, 20 May, available: http://www.nzherald.co.nz/nz/news/article.cfm?c_id=1&objectid=10884740, accessed 25 October 2014.

Beck, Ulrich (2013) *German Europe*, trans. R. Livingstone (Cambridge: Polity).

Beck, Ulrich (2012) *Twenty Observations on a World in Turmoil* (Cambridge: Polity).

Beck, Ulrich (2010) 'Kiss the Frog: The Cosmopolitan Turn in Sociology', *Global Dialogue*, 1 (2) , available: http://www.isa-sociology.org/global-dialogue/2010/11/kiss-the-frog-a-cosmopolitan-turn-in-sociology/, accessed 27 November 2012.

Beck, Ulrich (2009) *World at Risk*, trans. C. Cronin (Cambridge: Polity).

Beck, Ulrich (2009b) 'World Risk Society and Manufactured Uncertainties', *Iris*, 1 (2) : 291–299.

Beck, Ulrich (2005) *Power in a Global Age: A New Global Political Economy* (Cambridge: Polity).

Beck, Ulrich (2004) *Conversations with Ulrich Beck*, trans. M. Pollack (Cambridge: Polity).

Beck, Ulrich (2002a) 'The Terrorist Threat: World Risk Society Revisited', *Theory, Culture & Society*, 19 (4) , 39–55.

Beck, Ulrich (2002b) 'Zombie Categories: Interview with Ulrich Beck (Jonathan Rutherford) ', in U. Beck and E. Beck-Gernsheim (2002) *Individualization* (London: Sage) , 202–213.

Beck, Ulrich (2000) *The Brave New World of Work* (Malden, MA: Polity).

Beck, Ulrich (1999) *World Risk Society* (Malden, MA: Polity).

Beck, Ulrich (1998) 'Politics of Risk Society', in Jane Franklin (ed.) *The Politics of Risk Society* (Cambridge: Polity) , pp. 9–22.

Beck, Ulrich (1997) *The Reinvention of Politics: Rethinking Modernity in the Global Social Order*, trans. M. Ritter (Cambridge, MA: Polity).

Beck, Ulrich (1996a) 'Risk Society and the Provident State', in Scott Lash, Bronislaw Szerszynski and Brian Wynne (eds) *Risk, Environment, Modernity: Towards a New Ecology* (London: Sage) , pp. 27–43.

Beck, Ulrich (1996b) 'World Risk Society as Cosmopolitan Society? Ecological

Questions in a Framework of Manufactured Uncertainties', *Theory, Culture & Society*, 13 (4) : 1–32.

Beck, Ulrich (1995) *Ecological Enlightenment: Essays on the Politics of the Risk Society*, trans. M. Ritter (Atlantic Highlands, NJ: Humanities Press).

Beck, Ulrich (1992a) 'From Industrial Society to the Risk Society: Questions of Survival, Social Structure and Ecological Enlightenment', *Theory, Culture & Society*, 9 (1) : 97–123.

Beck, Ulrich (1992b) *Risk Society: Towards a New Modernity*, trans. M. Ritter (Los Angeles: Sage).

Beck, U. (1987) 'The Anthropological Shock: Chernobyl and the Contours of Risk Society', *Berkeley Journal of Sociology*, 32: 153–165.

Beck, Ulrich, Giddens, Anthony and Lash, Scot (1994) *Reflexive Modernization: Politics, Tradition and Aesthetics in the Modern Social Order* (Cambridge: Polity).

Benford, Gregory (1999) *Deep Time: How Humanity Communicates Across Millennia* (New York: Avon).

Bennett, Drake (2008) 'How Disasters Help', *boston.com*, 6 July, available: http://www.boston.com/bostonglobe/ideas/articles/2008/07/06/how_disasters_ help/?page=full, accessed 24 October 2014.

Benoit, W. and Henson, J. (2009) 'President Bush's Image Repair Discourse on Hurricane Katrina', *Public Relations Review*, 35 (1) : 40–46.

Berardi, Franco (2011) *After the Future*, trans. A. Bove et al. (Edinburgh: AK Press).

Bergin, Tom (2012) *Spills and Spin: The Inside Story of BP* (London: Random House).

Bevere, Lucia, Brian Rogers and Balz Grollimund (2011) *Sigma, No. 1: Natural Catastrophes and Man-made Disasters in 2010: A Year of Devastating and Costly Events* (Zurich: Swiss Reinsurance Company).

Bijker, W.E. (2007) 'Dikes and Dams, Thick with Politics', *Isis*, 98 (1) : 109–123.

Bilham, Roger (2010) 'Lessons from the Haiti Earthquake', *Nature*, 463 (February 18) : 878–879.

Bordiga, A. (1963) 'The Legend of the Piave', *Il Programma Comunista*, 20, available: http://www.marxists.org/archive/bordiga/works/1963/legend.htm, accessed 17 October 2012.

Bordiga, A. (1956) 'Weird and Wonderful Tales of Modern Social Decadence', *Il Programma Comunista*, 17, available: https://www.marxists.org/archive/bordiga/ works/1956/weird.htm, accessed 13 July 2014.

Bordiga, A. (1953) 'The Spirit of Horse Power', *Il Programma Comunista*, 5, available: https://www.marxists.org/archive/bordiga/works/1953/horsepower.htm, accessed 10 July 2014.

Bordiga, A. (1952) 'The Human Species and the Earth's Crust', available: https://libcom.org/library/human-species-earths-crust-amadeo-bordiga, accessed 10 July 2014.

Bordiga, A. (1951a) 'The Filling and Bursting of Bourgeois Civilisation', *Battaglia Comunista*, no. 23, available: http://www.marxists.org/archive/bordiga/ works/1951/ civilisation.htm, accessed 6 October 2012.

Bordiga, A. (1951b) 'Murder of the Dead', *Battaglia Comunista*, no. 24, available: http://www.marxists.org/archive/bordiga/works/1951/murder.htm, accessed 6 October 2012.

Borenstein, Seth (2014) 'Ebola Hysteria Nears Fever Pitch', *The Weekend Herald*, 25 October, B2.

Borger, Julian (2014) 'United Nations, But Little Unity', *The Guardian Weekly*, 26 September–2 October: 1, 10.

Bourdieu, Pierre (1993) 'A Science That Makes Trouble' in *Sociology in Question* (London: Sage) , pp. 8–19.

Bovenkerk, Bernice (2003–4) 'Is Smog Democratic? Environmental Justice in the Risk Society', *Melbourne Journal of Politics*, 29: 24–39.

Bradshaw, Sarah and Fordham, Maureen (2015) 'Double Disaster: Disaster through a Gender Lens', in Andrew E. Collins, Samantha Jones, Bernard Manyena, and Janaka

Jayawickrama (eds) , *Hazards, Risks and Disasters in Society* (Amsterdam: Elsevier) pp. 233–251.

Branson, Richard (2011) *Screw Business as Usual* (New York: Penguin).

Brenner, David J. (2011) 'We Don't Know Enough about Low-dose Radiation Risk', *Nature*, 5 April, available: http://www.nature.com/news/2011/110405/ full/news.2011.206. html, accessed 7 November 2014.

Brockington, Dan and Henson, Spensor (2014) 'Signifying the Public: Celebrity Advocacy and Post-Democratic Politics', *International Journal of Celebrity Studies*, 8 May, 1–18, DOI: 10.1177/1367877914528532.

Bromwich, David (2010) 'The Fastidious President', *London Review of Books*, 18 November, available: http://www.lrb.co.uk/v32/n22/david-bromwich/the-fastidious-president, accessed 24 October 2014.

Brown, Paul et al. (2002) 'Cost of Medical Injury in New Zealand: A Retrospective Cohort Study', *Journal of Health Services Research & Policy*, 7 Suppl 1: S1: 29–34.

Browne, Harry (2013) *The Frontman: Bono (in the Name of Power)* (London: Verso).

Bruch, M., Münch, V., Aichinger, M., Kuhn, M., Weymann, M. and Schmid, G. (2011) *Power Blackout Risks: Risk Management Options*, Emerging Risk Initiative Position Paper (Munich: CRO Forum).

Brulle, Robert J. (2014) 'Institutionalizing Delay: Foundation Funding and the Creation of U.S. Climate Change Counter-movement Organizations', *Climate Change,* 122: 681–694.

Brunsma, David and Picou, Stephen J. (2008) 'Disasters in the Twenty-First Century: Modern Destruction and Future Instruction', *Social Forces*, 87 (2) : 983–991.

Buffett, Peter (2013) 'The Charitable-Industrial Complex', *The New York Times*, 26 July, available: http://www.nytimes.com/2013/07/27/opinion/the-charitable-industrial-complex.html?_r=0, accessed 2 October 2014.

Bullard, Robert (2008) 'Differential Vulnerabilities: Environmental and Economic Inequality and Government Response to Unnatural Disasters', *Social Research*, 75 (3) : 753–784.

Bullard, Robert D. (1993) 'Anatomy of Environmental Racism', in Richard Hofrichter (ed.) *Toxic Struggles: The Theory and Practice of Environmental Justice* (Philadelphia: New Society) , pp. 25–35.

Burke, Jason (2013) 'Bangladesh Factory Collapse Leaves Trail of Shattered Lives', *The Guardian*, 6 June, available: http://www.theguardian.com/world/2013/jun/06/bangladesh-factory-building-collapse-community, accessed 8 November 2013.

Burnett, H. Sterling (2014) 'The Growing Benefits of a Warmer World', *National Center for Policy Analysis*, Brief Analyses no. 796, available: http://www.ncpa. org/pub/ba796, accessed 14 November 2014.

Bye, Bente Lilja (2011) 'Volcanic Eruptions: Science and Risk Management',*Science 2.0*, 27 May, available: http://www.science20.com/planetbye/volcanic_eruptions_science_and_risk_management-79456, accessed 24 January 2014.

Calhoun, Craig (2008) 'The Imperative to Reduce Suffering: Charity, Progress,and Emergencies in the Field of Humanitarian Action', in M. Barnett and T.G. Weiss (eds) *Humanitarianism in Question: Politics, Power, Ethics* (Ithaca, NY: Cornell University Press) , pp. 73–97.

Callon, Michel, Lascoumes, Pierre, and Barthe, Yannick (2009) *Acting in an Uncertain World: An Essay on Technical Democracy* (Cambridge, MA: MIT Press).

Cameron, James (1997) *Titanic* (Twentieth Century Fox/Paramount Pictures).

Campanella, Thomas J. (2006) 'Urban Resilience and the Recovery of New Orleans', *Journal of the American Planning Association*, 72 (2) : 141–146.

Canterbury Earthquakes Royal Commission (2012) *Final Report Vol. 6 Canterbury Television Building (CTV)* , Christchurch, available: http://canterbury.royalcommission. govt.nz/Final-Report-Volume-Six-Contents, accessed 25 October 2014.

Carr, Matthew (2009) 'China, Greenpeace Challenge Kyoto Carbon Trading (Update

1)', *Bloomberg*, 19 June, available: http://www.bloomberg.com/apps/news?pid=newsarchiv
e&sid=aLM4otYnvXHQ, accessed 14 November 2014.

Castells, Manuel (2005) *The Power of Identity* (Malden: Blackwell).

Centers for Disease Control (2002) *Cancer Prevention and Control 'Cancer Burden
Data Fact Sheets, Louisiana'* (Atlanta, GA).

Cerulo, Karen (2008) *Never Saw It Coming: Cultural Challenges to Envisioning the
Worst* (Chicago: University of Chicago Press).

Chen, Yuyu, Ebenstein, Avraham, Greenstone, Michael, and Li, Hongbin (2013)
'Evidence on the Impact of Sustained Exposure to Air Pollution on Life Expectancy from
China's Huai River Policy', *Proceedings of the National Academy of Sciences of the United
States of America*, 110 (32) : 12 936–12 941.

Chou, Yiing-Jenq et al. (2004) 'Who is at Risk of Death in an Earthquake?', *American
Journal of Epidemiology*, 160 (7) : 688–695.

Clark, Meagan (2014) 'Aging US Power Grid Blacks Out More Than Any Other
Developed Nation', *International Business Times*, 17 July, available: http://www.ibtimes.
com/aging-us-power-grid-blacks-out-more-any-other-developed-nation-1631086, accessed
18 November 2014.

Clark, Nigel (2011) *Inhuman Nature: Sociable Life on a Dynamic Planet* (Los Angeles:
Sage).

Clarke, Lee (2001) *Mission Improbable: Using Fantasy Documents to Tame Disaster*
(Chicago: University of Chicago Press).

Clarke, Lee (1990) 'Oil-Spill Fantasies', *The Atlantic Monthly*, November: 65–77.

Clarke, Lee (1989) 'Capitalism is Richer, Democracy is Safer', *Society*, 27 (1) : 17–18.

Cleaver, Harry (1988) 'Uses of an Earthquake', *Midnight Notes*, 9, May: 10–14,
available: http://www.midnightnotes.org/pdf00005wages.pdf, accessed 9 July 2014.

Cliff, D. and Northrop, L. (2010) *The Global Financial Markets: An Ultra-Large-Scale
Systems Perspective* (London: Foresight – Government Office for Science).

Cockburn, Alexander (1995) *The Golden Age is in Us* (London: Verso).

Cockpit Voice Recorder Database (2010) '2 October 1996 – Aeroperu 603', available:
http://www.tailstrike.com/021096.htm, accessed 1 March 2013.

Collins, Susan, Glavovic, Bruce, Johal, Sarb and Johnston, David (2011) 'Community
Engagement Post-Disaster: Case Studies of the 2006 Matata Debris Flow and 2010 Darfield
Earthquake, New Zealand', *New Zealand Journal of Psychology*, 40 (4) : 17–25.

Coupland, Douglas (2014) 'Radiation is For Ever', *The Financial Times*, 26 April: 19.

Cremin, C. (2015) *Totalled: Salvaging the Future from the Wreckage of Capitalism*
(London: Pluto Press).

Crouch, Colin (2011) *The Strange Non-Death of Neoliberalism* (Cambridge: Polity).

Crouch, Colin (2004) *Post-Democracy* (Cambridge: Polity).

Crutzen Paul and Stoermer, Eugene (2000) 'The "Anthropocene" ', *Global
Change Newsletter*, 41: May, pp. 17–18, available: http://www.igbp.net/download/18.31
6f1832132347017758000140l/NL41.pdf, accessed 6 January 2015.

Cutter, Susan L. (2001) *American Hazardscapes: The Regionalization of Hazards and
Disasters* (Washington, DC: Joseph Henry Press).

Darling, David and Dirk Schulze-Makuch (2012) *Megacatastrophes! Nine Strange
Ways the World Could End* (Oxford: Oneworld).

David, Emmanuel and Enarson, Elaine (eds) (2012) *The Women of Katrina: How
Gender, Race and Class Matter in an American Disaster* (Nashville: Vanderbilt University
Press).

Davis, Mike (2005) 'The Struggle over the Future of New Orleans', *Socialist Worker.
org*, 23 September, available: http://socialistworker.org/2005-2/558/558_04_ MikeDavis.
shtml, accessed 24 February 2011.

Davis, Mike (1995) 'Los Angeles After the Storm: The Dialectic of Ordinary Disaster',
Antipode, 27 (3) : 221–241.

Debord, Guy (1995) *The Society of the Spectacle* (New York: Zone).

Demick, Barbara (2011) 'Chinese Toddler's Death Evokes Outpouring of Grief and Guilt', *Los Angeles Times*, 21 October, available: http://articles.latimes.com/2011/oct/21/news/la-mobile-china-toddler-death, accessed 6 January 2015.

Derrida, J. (2000) 'Intellectual Courage: An Interview by Thomas Assheur', *Culture Machine*, 2, available: http://www.culturemachine.net/index.php/cm/ article/view/303/288 http://culturemachine.tees.ac.uk/frm_f1.htm, accessed 24 September 2004.

Derrida, Jacques and Bernard Stiegler (2002) *Echographies of Television: Filmed Interviews*, trans. J. Bajorek (Malden, MA: Polity).

Devitt, Terry (2003) ' "Normal" Accidents?', *Comprehending Catastrophe*, University of Wisconsin, available: http://whyfiles.org/185accident/4.html, accessed 24 October 2014.

Díaz, Junot (2011) 'Apocalypse', *Boston Review*, 1 May, available: http://bostonreview.net/junot-diaz-apocalypse-haiti-earthquake, accessed 12 November 2014.

Dombrowsky, Wolf (1995) 'Again and Again: Is a "Disaster" What We Call Disaster? Some Conceptual Notes on Conceptualizing the Object of Disaster Sociology', *International Journal of Mass Emergencies and Disasters*, 13 (3) : 241–254.

Doucet, Isabeau and Macdonald, Isabel (2012) 'Building Illusions: A Case Study of Bill Clinton's Photo-op Philanthropy', in Mark Schuller and Pablo Morales (eds) (2012) *Tectonic Shifts: Haiti Since the Earthquake* (Sterling, VA.: Kumarian Press) , pp. 79–81.

Douglas, Mary (1994) *Risk and Blame: Essays in Cultural Theory* (Abingdon: Routledge).

Douglas, Mary and Wildavsky, Aaron (1983) *Risk and Culture: An Essay on the Selection of Technological and Environmental Dangers* (Berkeley: University of California Press).

Dupuy, Alex (2010) 'Disaster Capitalism to the Rescue: The International Community and Haiti after the Earthquake', *Report: Haiti, NACLA Report on the Americas*, July/August, pp. 14–19, available: http://fspfaculty.pages.tcnj.edu/files/2013/08/Disaster-Capitalism-to-the-Rescue1.pdf, accessed 10 November 2014.

Dupuy, Jean-Pierre (2009) 'On the Certainty of Being Surprised', available: http://www.wisdomportal.com/ReneGirard/OnCertaintyBeingSurprised.html, accessed 18 December 2012.

Durkheim, Émile (1979) *Suicide: A Study in Sociology*, 8th edn. (New York: The Free Press).

Durkheim, Émile (1965) *The Rules of Sociological Method*, 8th edn. (New York: The Free Press).

Dynes, Russell R. (2003) 'The Lisbon Earthquake In 1755: The First Modern Disaster', University of Delaware Library, available: http://udspace.udel.edu/ handle/19716/294, accessed 9 December 2014.

Dynes, Russell R. (2000) 'The Dialogue between Voltaire and Rousseau on the Lisbon Earthquake: The Emergence of a Social Science View', *International Journal of Mass Emergencies and Disasters*, 18 (1) : 97–115.

Dyson, Michael Eric (2007) *Come Hell or High Water: Hurricane Katrina and the Colour of Disaster* (New York: Basic Books).

Edelstein, Michael R. (2011) 'Privacy and Secrecy: Public Reserve and the Handling of the BP Gulf Oil Disaster', *Government Secrecy: Research in Social Problems and Public Policy*, 19: 25–31.

Engels, Friedrich (1987) *The Condition of the Working Class in England* (Harmondsworth: Penguin).

Eisenstein, Paul and Todd McGowan (2012) *Rupture: On the Emergence of the Political* (Evanston: Northwestern University Press).

El-Ojeili, C. (2014) ' "Communism ... is the Affirmation of a New Community": Notes on Jacques Camatte', *Capital & Class*, 38 (2) : 345–364.

Elinder, Mikael and Erixson, Oscar (2012) *Every Man for Himself. Gender, Norms and Survival in Maritime Disasters*, Department of Economics Working Paper, No. 8, University of Uppsala, available: http://.www.nek.uu.se/Pdf/wp20128. pdf, accessed 11 July 2012.

Elster, Jon (1985) *Making Sense of Marx* (Cambridge: Cambridge University Press).

Emmott, Stephen (2013) *Ten Billion* (New York: Vintage).

Energy Data (2012) 'India's Black Tuesday on July 31st Marked Perhaps the Greatest Power Outage in World History', available at: http://www.enerdata.net/enerdatauk/press-and-publication/energy-features/india-black-tuesday-july-31-power-outage.php, accessed 8 November 2013.

Epstein, Barbara (2013) 'Occupy Oakland: The Question of Violence', in L. Panitch, G. Albo and V. Chibber (eds) *The Question of Strategy: Socialist Register 2013* (Pontypool: Merlin Press), pp. 63–83.

Epstein, Paul R., Buonocore, Jonathan J., Eckerle, Kevin, Hendryx, Michael, Stout, Benjamin N., Heinberg, Richard, Clapp, Richard W., May, Beverly, Reinhart, Nancy L., Ahern, Melissa M., Doshi, Samir K., and Glustrom, Leslie (2011) 'Full Cost Accounting for the Life Cycle of Coal', *Annals of the New York Academy of Sciences*, 1219: 73–98.

Erikson, Kai T. (1995) *A New Species of Trouble: The Human Experience of Modern Disasters* (New York: W.W. Norton).

Ewald, François (1993) 'Two Infinities of Risk', in Brian Massumi (ed.) *The Politics of Everyday Fear* (Minneapolis: University of Minnesota Press), pp. 221–228.

Executive Office of the President (2013) *Economic Benefits of Increasing Electric Grid Resilience to Weather Outages* (Washington, DC: Council of Economic Advisers and the US Department of Energy).

Factor, Roni, Yair, Gad and Mahalel, David (2010) 'Who by Accident? The Social Morphology of Car Accidents', *Risk Analysis*, 30 (9): 1411–1423.

Factor, Roni, Mahalel, David and Yair, Gad (2008) 'Inter-group Differences in Road-traffic Crash Involvement', *Accident Analysis and Prevention*, 40: 2000–2007.

Farmer, Paul (2014) 'Diary', *London Review of Books*, 23 October, available: http://www.lrb.co.uk/v36/n20/paul-farmer/diary, accessed 24 October 2014.

Federal Energy Regulatory Commission (2003) *Staff Report: Price Manipulation in Western Markets – Findings at a Glance*, 26 March, available: http://www.ferc.gov/industries/electric/indus-act/wec/enron/summary-findings.pdf, accessed 17 November 2014.

Foucault, M. (1977) 'Nietzsche, Genealogy, History', in D.F. Bouchard (ed.) *Language, Counter-Memory, Practice: Selected Essays and Interviews* (Ithaca, NY: Cornell University Press), pp. 139–164.

Frerks, Georg (2009) 'Macro Dynamics of a Mega-disaster: Rethinking the Sri Lanka Tsunami Experience', *National Safety & Security and Crisis Management: Mega-crises in the Twenty-first Century* (The Hague: Ministry of the Interior and Kingdom Relations), 7–9.

Freud, Sigmund (1962) *The Future of an Illusion*, trans. W.D. Robson-Scott (London: The Hogarth Press)

Freudenburg, William R. (2001) 'Risk, Responsibility and Recreancy', *Research in Social Problems and Public Policy*, 9: 87–108.

Freudenburg, William R. (1997) 'Contamination, Corrosion and the Social Order: An Overview', *Current Sociology*, 45 (3): 19–39.

Freudenburg, William R. (1993) 'Risk and Reacreancy: Weber, the Division of Labour, and the Rationality of Risk Perceptions', *Social Forces*, 71 (4): 909–932.

Freudenburg, William R. Gramling, R., Laska, S. and Erikson, Kai T. (2008) 'Organizing Hazards, Engineering Disaster? Improving the Recognition of Political Economic Factors in the Creation of Disasters', *Social Forces*, 87 (2): 1015–1038.

Friedman, Milton (2005) 'The Promise of Vouchers', *The Wall Street Journal*, 5 December, available: http://online.wsj.com/articles/SB113374845791113764, accessed 8 November 2014.

Fritz, Charles E. (1961) 'Disaster', in Robert K. Merton and Robert A. Nisbet (eds) *Contemporary Social Problems* (New York: Harcourt Brace), pp. 651–94.

Funk, McKenzie (2012) 'Will Global Warming, Overpopulation, Floods, Droughts and Food Riots Make this Man Rich? Meet the New Capitalists of Chaos', *Rolling Stone*, 27 May, pp. 59–65, 82.

Furedi, Frank (2006) *Politics of Fear: Beyond Left and Right* (London: Continuum).

Furedi, Frank (2005) *Culture of Fear: Risk-taking and the Morality of Low Expectation*, rev. edn (London: Continuum).

Galeano, Eduardo (2009) *Mirrors: Stories of Almost Everyone*, trans. M. Fried (London: Portobello).

Gall, Melanie, Borden, Kevin A., and Cutter, Susan L. (2009) 'When Do Losses Count? Six Fallacies of Natural Hazard Loss Data', *American Meteorological Society*, 90 (6) : 799–809.

Gearin, Mary (2013) 'Climate Change Makes Super Typhoons Worse, Says UN Meteorological Agency/Once in a Lifetime Typhoons now Happening Once a Year: UN', *ABC News*, 14 November, available: http://www.abc.net.au/news/2013-11-14/climate-change-making-super-typhoons-worse/5090724, accessed 15 November 2013.

Geisler, T. and Doze, P. (2009) 'Rock Around the Bunker: Paul Virilio, Design, War and Society', *DAMN Magazine,* 21 March/April, pp.92–96.

Gelbspan, Ross (2005) 'Hurricane Katrina's Real Name', *The New York Times*, 31 August, available: http://www.nytimes.com/2005/08/30/opinion/30iht-edgelbspan.html?_r=0, accessed 25 October 2014.

Geoghegan, Peter (2014) 'Bosnia under Water', *London Review of Books Blog*, 28 May, available: http://www.lrb.co.uk/blog/2014/05/28/peter-geoghegan/bosnia-under-water/?utm_source=newsletter&utm_medium=email&utm_campaign=3611&hq_e=el&hq_m=3227480&hq_l=9&hq_v=65af3de298, accessed 3 June 2014.

Giddens, Anthony (2009) *The Politics of Climate Change* (Cambridge: Polity).

Giddens, Anthony (2003) *Runaway World: How Globalization is Shaping Our Lives* (New York: Routledge).

Giddens, Anthony (1994) *Beyond Left and Right: The Future of Radical Politics* (Stanford: Stanford University Press).

Giddens, Anthony (1990) *The Consequences of Modernity* (Stanford: Stanford University Press).

Gilbert-Knight, Ariel (2013) 'Social Media, Crisis Mapping and the New Frontier in Disaster Response', 8 October, available: http://www.theguardian.com/global-development-professionals-network/2013/oct/08/social-media-microtasking-disaster-response, accessed 18 December 2014.

Glanz, James (2003) 'The Nation: A Nation Unplugged; Its Coils Tighten, and the Grid Bites Back', *The New York Times*, 17 August, available: http://www.nytimes.com/2003/08/17/weekinreview/the-nation-a-nation-unplugged-its-coils-tighten-and-the-grid-bites-back.html?pagewanted=all&src=pm, accessed 24 February 2014.

Glanz, James and Onishi, Norimitsu (2011) 'Japan's Strict Building Codes saved Lives', *The New York Times*, 11 March, available: http://www.nytimes.com/2011/03/12/world/asia/12codes.html?pagewanted=all, accessed 18 December 2014.

Goering, Laurie (2013) 'Worse Extreme Weather May Bring "Permanent Emergencies" ', *Thompson Reuters Foundation*, 11 November, available: http://sustainability.thomsonreuters.com/2013/11/15/worse-extreme-weather-may-bring-permanent-emergencies/, accessed 17 January 2014.

Goodman, Marc (2012) 'Dark Data', in R. Smolan and J. Erwitt (eds) *The Human Face of Big Data* (Sausalito, CA: Against All Odds Productions) , pp. 74–77.

Gordon, Jane and Gordon, Lewis R. (2009) *Of Divine Warning: Reading Disaster in the Modern Age* (Boulder: Paradigm Publishers).

Gorry, Connor (2004) 'UN Lauds Cuba as Model of Hurricane Preparedness', *Medicc Review*, available: http://www.medicc.org/resources/documents/medicc-review-disaster-management.pdf, accessed 17 December 2014.

Gotham, Kevin Fox (2007) 'Critical Theory and Katrina: Disaster, Spectacle and Immanent Critique', *City*, 11 (1) : 81–99.

Grandazzi, G. (2006) 'Commemorating the Chernobyl Disaster: Remembering the Future', *Eurozine*, 21 April, available: http://www.eurozine.com/articles/ 2006-04-21-grandazzi-en.html, accessed 13 November 2012.

Griffin, Daniel and Anchukaitis, Kevin J. (2014) 'How Unusual Is the 2012–2014 California Drought?', *Geophysical Research Letters*, DOI: 10.1002/2014GL062433.

The Guardian (2014) 'Boxing Day 2004 Tsunami: Banda Aceh – Then and Now', 10 December, available: http://www.theguardian.com/global-development/ng-interactive/2014/dec/10/boxing-day-2004-tsunami-banda-aceh-then-and-now, accessed 15 December 2014.

Guardian and News Media (2014) 'Ozone Hole Remains Stubbornly Large', *Sunday Star Times*, 2 November, B 14.

Guggenheim, Michael (2014) 'Introduction: Disasters as Politics – Politics as Disasters', *The Sociological Review*, 62 (S1) : 1–16.

Guttmann, Nick (2014) 'When Disaster Strikes, We're More Ready than Ever Before', *The Guardian*, 9 December, available: http://www.theguardian.com/global-development/poverty-matters/2014/dec/09/natural-disaster-prepared ness-indian-ocean-tsunami, accessed 15 December 2014.

Haiti Justice Alliance (2011) 'How the Government Used Our Money in Haiti: FOIA Request', *Haiti Justice Alliance: The Weblog*, available: http://haitijustice.wordpress.com/2011/08/23/how-the-government-used-our-money-in-haiti-foia-request/, accessed 17 November 2014.

Hall, Steve (2010) 'Comment posted on Ulrich Beck's "Kiss the Frog: The Cosmopolitan Turn in Sociology", *Global Dialogue*, 1 (2) , available: http://www. isa-sociology.org/global-dialogue/?p=87, accessed 2 December 2010.

Hallward, Peter (2010a) *Damning the Flood: Haiti, Aristide, and the Politics of Containment* (London: Verso).

Hallward, Peter (2010b) 'Our Role in Haiti's Plight', *The Guardian*, 13 January, available: http://www.theguardian.com/commentisfree/2010/jan/13/our-role-in-haitis-plight, accessed 12 November 2014.

Hannigan, John (2012) *Disasters Without Borders* (Cambridge: Polity).

Hartman, Chester W. and Squires, Gregory D. (2006) *There is No Such Thing as a Natural Disaster: Race, Class and Hurricane Katrina* (New York: Taylor and Francis).

Harvey, David (2014) *Seventeen Contradictions and the End of Capitalism* (London: Profile).

Harvey, David (2011) 'Nice Day for a Revolution: Why May Day Should be a Day to Stand Up and Change the System', *The Independent*, 29 April, http://www.independent.co.uk/news/world/politics/nice-day-for-a-revolution-why-may-day-should-be-a-date-to-stand-up-and-change-the-system-2276274. html?printService=print, accessed 12 April 2014.

Harvey, David (2010) *The Enigma of Capital and the Crises of Capitalism* (London: Profile).

Healy, Paul M. and Palepu, Krishna G. (2003) 'The Fall of Enron', *Journal of Economic Perspectives*, 17 (2) : 3–26.

Heede, Richard (2014) 'Tracing anthropogenic carbon dioxide and methane emissions to fossil fuel and cement producers, 1854–2010', *Climatic Change*, 122 (1–2) : 229–241.

Heidegger, Martin (1977) *The Question Concerning Technology and Other Essays*, trans. W. Lovitt (New York: Harper and Row).

Helbing, Dirk (2013) 'Globally Networked Risks and How to Respond', *Nature*, 2 May, 497, 51–59.

Helsloot, Ira, Boin, Arjen, Jacobs, Brian, and Comfort, Louise K. (2012) *Mega-Crises: Understanding the Prospects, Nature, Characteristics and Effects of Cataclysmic Events* (Springfield, IL: Charles C. Thomas).

Hewitt, Kenneth (1983) 'The Idea of Calamity in a Technocratic Age', *Interpretations of Calamity from the Viewpoint of Human Ecology* (London: Allen and Unwin) , pp. 3–32.

Hillier, Debbie and Castillo, Gina E. (2013) *No Accident: Resilience and the Inequality of Risk* (Oxford: Oxfam International).

Hoffman, Susanna M. and Oliver-Smith, Anthony (2002) *Catastrophe and Culture: The Anthropology of Disaster* (Santa Fe: School of American Research Press).

Höijer, Birgitta (2004) 'The Discourse of Global Compassion: The Audience and Media Reporting of Human Suffering', *Media, Culture & Society*, 26 (4) : 513–531.

Holman, E. A., Garfin, E. R., and Silver, R. C. (2013) 'Media's Role in Broadcasting Acute Stress Following the Boston Marathon Bombings', *Proceedings of the National Academy of Science of the USA (PNAS Early Edition)* , doi/10.1073/pnas.1316265110.

Hood, Christopher and Jackson, Michael (1992) 'The New Public Management: A Recipe for Disaster?', in Dennis Parker and John Handmer (eds) *Hazard Management and Emergency Planning: Perspectives on Britain* (London: James and James) , pp. 109–125.

Hooper, John (2012) 'Costa Concordia Shipwreck's Hero and Villain Lay Bare Two Souls of Italy', *The Guardian*, 18 January, available: http://www.theguardian.com/world/2012/jan/18/costa-concordia-hero-villain-italy, accessed 20 September 2013.

Hsu, Spencer S. (2005) 'FEMA Overestimated Costs of Contracts After Katrina', *The Washington Post*, 15 November, available: http://www.washingtonpost.com/wp-dyn/content/article/2005/11/14/AR2005111401441.html, accessed 11 November 2014.

Huet, Marie-Hélène (2012) *The Culture of Disaster* (Chicago: University of Chicago Press).

Huler, Scott (2011) 'The Ugly Truth about Infrastructure (and Taxes) ', *The Infrastructurist: America under Construction*, available: http://www.infrastructurist.com/2011/05/12/the-ugly-truth-about-infrastructure-and-taxes/, accessed 18 July 2011.

Hyde, Lewis (1996) 'Two Accidents: Reflections on Chance and Creativity', *The Kenyon Review*, 18 (3/4) : 19–35.

Ingham, Richard (2012) 'Climate Change to Drive Weather Disasters: UN Experts', *AFP News*, available: https://sg.news.yahoo.com/climate-change-drive-weather-disasters-un-experts-164716520.html, accessed 3 November 2014.

Inkley, Douglas B., Kronenthal, Sara Gozalez-Rothi and McCormick, Lacey (2013) *Restoring a Degraded Gulf of Mexico: Wildlife and Wetlands Three years into the Gulf Oil Disaster* (Merrifield: National Wildlife Federation).

International Federation of Red Cross and Red Crescent Societies (IFRC) (2014) *World Disasters Report 2014: Focus on Culture and Risk* (Geneva).

International Federation of Red Cross and Red Crescent Societies (IFRC) (2010) *World Disasters Report 2010: Focus on Urban Risk* (Geneva).

International Maritime Organization (2008) *FSA – Cruise Ships: Details of the Formal Safety Assessment* (London: International Maritime Organization, MSC 85/INF.2).

IPCC (2014) *Climate Change 2014: Impacts, Adaptation and, Vulnerability. Part A: Global and Sectoral Aspects* (Cambridge: Cambridge University Press).

Jaime, Humberto (2013) 'The "Silent Disaster" of Local Losses', *UNISDR – The United Nations Office for Disaster Reduction*, 27 November, available: http:// www.unisdr.org/archive/35664, accessed 3 December 2013.

Jamail, Dahr (2011) 'Full Meltdown. Fukushima Called the "Biggest Industrial Catastrophe in the History of Mankind" ', *Al Jazeera*, 16 June, available: http://www.alternet.org/world/151328/full_meltdown%3A_fukushima_called_the_%27biggest_industrial_catastrophe_in_the_history_of_mankind%27_/, accessed 23 July 2011.

Jameson, Fredric (2002) 'The Dialectics of Disaster', *South Atlantic Quarterly*, 101 (2) , 297–304.

Jencson, L. (2001) 'Disastrous Rites: Liminality and Communitas in a Flood Crisis', *Anthropology and Humanism*, 26 (1) : 46–58.

Johnson, Cedric (ed.) (2011) *The Neoliberal Deluge: Hurricane Katrina, Late Capitalism, and the Remaking of New Orleans* (Minneapolis: University of Minnesota Press).

Johnston, David Cay (2014) 'Enron-style Price Gouging is Making a Comeback', *Aljazeera America*, 2 May, available: http://america.aljazeera.com/opinions/2014/5/new-england-electricitymarketwallstreetenron.html, accessed 17 November 2014.

Jones, Thomas (2012) 'Short Cuts', *London Review of Books*, 9 February: 25.

Keim, Brandon (2012) 'Nanosecond Trading Could Make Markets go Haywire',

Wired, 16 February, available: http://www.wired.com/2012/02/high-speed-trading/, accessed 6 January 2015.

Kieffer, Susan W., Barton, Paul, Chesworth, Ward, Palmer, Allison R., Reitan, Paul and Zen, E-an (2009) *Megascale Processes: Natural Disasters and Human Behavior* (The Geological Society of America: Special Paper 453) , pp. 77–86, doi: 10.1130/2009.453 (06).

King, D.N. and Goff, J.R. (2010) 'Benefitting from Differences in Knowledge, Practice and Belief: Māori Oral Traditions and Natural Hazards Science', *Natural Hazards and Earth Systems Sciences*, 10: 1927–1940, doi:10.5194/ nhess-10-1927-2010.

King, Rita J. (2006) *Big, Easy Money: Disaster Profiteering on the American Gulf Coast* (Oakland, CA: CorpWatch) , available: http://www.corpwatch.org/downloads/ Katrina_report.pdf, accessed 11 November 2014.

Kirilenko, Andrei, Kyle, Albert S., Samadi, Mehrdad and Tuzun, Tugkan (2011) 'The Flash Crash: The Impact of High Frequency Trading on an Electronic Market', *Social Science Research Network*, 26 May, http://papers.ssrn.com/sol3/ papers.cfm?abstract_ id=1686004, accessed 6 January 2015.

Klein, Naomi (2007a) 'Disaster Capitalism: The New Economy of Catastrophe', *Harper's Magazine*, October: 47–58.

Klein, Naomi (2007b) *The Shock Doctrine: The Rise of Disaster Capitalism* (Camberwell: Allen Lane).

Klein, Naomi (2006) 'Disaster capitalism: How to Make Money out of Misery', *The Guardian*, 30 August, available: http://www.theguardian.com/commentisfree/2006/aug/30/ comment.hurricanekatrina, accessed 11 November 2014.

Klein, Naomi (2005) 'Allure of the Blank Slate', *The Guardian*, 18 April, available: http://www.theguardian.com/Columnists/Column/0,5673,1462290,00.html, accessed 10 November 2014.

Klinenberg, Eric (2013) 'How the Government Saved Lives in Moore, Oklahoma', *The New Yorker*, 24 May, available: http://www.newyorker.com/tech/elements/how-the-government-saved-lives-in-moore-oklahoma, accessed 10 November 2014.

Klinenberg, Eric (2003) *Heat Wave: A Social Autopsy of Disaster in Chicago* (Chicago: Chicago University Press).

Klug, Foster (2014) 'Dark Moments of a Nice Captain', *The New Zealand Herald*, 26 April, B6.

Knowles, Scott Gabriel (2011) *The Disaster Experts: Mastering Risk in Modern America* (Philadelphia: University of Pennsylvania Press).

Kranzberg, Melvin (1986) 'Technology and History: "Kranzberg's Laws"', *Technology and Culture*, 27 (3) : 544–560.

Kreps, Gary A. and Thomas E. Drabek (1996) 'Disasters Are NonRoutine Social Problems', *International Journal of Mass Emergencies and Disasters*, 14 (2) : 129–153.

Kröger, Wolfgang (2007) *Managing and Reducing Social Vulnerabilities from Coupled Critical Infrastructures* (Geneva: International Risk Governance Council).

Kröger, Wolfgang (2005) 'Der Umgang mit systemischen Risiken – Das Angebot des International Risk Governance Council', Präsentation in der Vortragsreihe 'Umgang mit gesellschaftSrelevanten', ETH Zürich, 13 April, available: http://www.lsa.ethz.ch/ news/050413-Vortragsreihe-ETH-Handout.pdf, accessed 9 September 2011.

Krugman, Paul (2013) 'How the Case for Austerity Has Crumbled', *The New York Review of Books*, 6 June, available: http://www.nybooks.com/articles/archives/2013/jun/06/ how-case-austerity-has-crumbled/?pagination=false, accessed 5 January 2015.

Kuhn, Thomas W. (1970) *The Structure of Scientific Revolutions* (Chicago: The University of Chicago Press).

Kweit, Mary Grisez and Kweit, Robert W. (2004) 'Citizen Participation and Citizen Evaluation in Disaster Recovery', *The American Review of Public Administration*, 34 (4) : 354–373.

Lanchester, John (2013) 'Are We Having Fun Yet?', *London Review of Books*, 18 July, 35: 13, available: http://www.lrb.co.uk/v35/n13/john-lanchester/are-we-having-fun-yet, accessed 14 November 2014.

Laqueur, Thomas (2013) 'Why Name a Ship after a Defeated Race?', *London Review of Books*, 24 January: 3, 5–8, 10.

Lash, Scott (1993) 'Reflexive Modernization: The Aesthetic Dimension', *Theory, Culture & Society*, 10 (1) , 1–23.

Latouche, Serge (2009) *Farewell to Growth* (Cambridge: Polity).

Latour, Bruno (2005) *Reassembling the Social: An Introduction to Actor-Network Theory* (Oxford: Oxford University Press).

Latour, Bruno (2002) *War of the Worlds: What about Peace?* (Chicago: Prickly Paradigm Press).

Latour, Bruno (1988) *The Pasteurization of France* (Cambridge, MA: Harvard University Press).

Latour, Bruno (1987) *Science in Action: How to Follow Scientists and Engineers through Society* (Milton Keynes: Open University Press).

Lee, Spike (2006) *When the Levees Broke* (US: HBO Documentary Films).

Lerner, E.J. (2003) 'What's Wrong with the Electric Grid?' *The Industrial Physicist*, October/November, 8–13.

Leveson, N.G. (2002) 'System Safety Engineering: Back to the Future', *Aeronautics and Astronautics,* Massachusetts Institute of Technology, available: http://sunny day.mit.edu/accidents/safetyscience-single.pdf, accessed 28 September 2012.

Levin, Kelly, Cashore, Benjamin, Bernstein, Steve and Auld, Graeme (2012) 'Overcoming the Tragedy of Super Wicked Problems: Constraining our Future Selves to Ameliorate Global Climate Change', *Policy Sciences*, 45 (2) : 123–152.

Levitas, Ruth (2000) 'Discourses of Risk and Utopia', in Barbara Adam, Ulrich Beck and Joost Van Loon (eds) *The Risk Society and Beyond: Critical Issues for Social Theory* (London: Sage) , pp. 198–210.

Li, Shan (2013) 'U.S. Still Paying Survivor Benefits to Children of Civil War Vets', *Los Angeles Times*, 19 March, available: http://articles.latimes.com/2013/mar/19/business/la-fi-mo-civil-war-veteran-payments-20130319, accessed 11 March 2014.

Liddell, H.G. and Scott, R. (1996) *Greek-English Lexicon*, 9th edition (Oxford: Clarendon Press).

Lindell, M.K. (2011) 'Disaster Studies', *Sociopedia,* International Sociological association, available: http://www.sagepub.net/isa/resources/pdf/Disaster%20 Studies.pdf, accessed 5 November 2013.

Little, Richard G. (2010) 'Managing the Risk of Cascading Failure in Complex Urban Infrastructures', in S. Graham (ed.) , *Disrupted Cities: When Infrastructure Fails* (New York: Routledge) , pp. 27–39.

Lotringer, Sylvère and Paul Virilio (2005) *The Accident of Art*, trans. M. Taormina (Los Angeles: Semiotext (e)).

Luck-Baker, Andrew (2012) 'Leaving our mark: What will be left of our cities?', *BBC News*, 1 November, available: http://www.bbc.com/news/science-environment-20154030, accessed 29 October 2014.

Lukes, Stephen (2006) 'Questions about Power: Lessons from the Louisiana Hurricane', *Understanding Katrina: Perspectives from the Social Sciences*, available: http://forums.ssrc.org/understandingkatrina/questions-about-power-lessons-from-the-louisiana-hurricane/, accessed 23 September 2013.

Lütticken, Sven (2007) 'Unnatural History', *New Left Review*, 45 May/June: 115–131.

MacKenzie, Donald (2011) 'How to make Money in Microseconds', *London Review of Books*, 19 May, available: http://www.lrb.co.uk/v33/n10/donald-mackenzie/how-to-make-money-in-microseconds, accessed 26 June 2012.

Madjid, Mohammad, Lillibridge, Scott, Mirhaji, Parsa, and Casscells, Ward (2003) 'Influenza as a Bioweapon', *Journal of the Royal Society of Medicine*, 96 (July) : 345–346.

Maguire, Joe (2014) 'How Increasing Income Inequality is Dampening U.S. Economic Growth, and Possible Ways to Change the Tide', *Standard and Poor's Global Credit Portal*,

5 August, available: https://www.globalcreditportal.com/ratingsdirect/renderArticle.do?artic leId=1351366&SctArtId=255732&from=CM&nsl_code=LIME&sourceObjectId=8741033 &sourceRevId=1&fee_ind=N&exp_date=20240804-19:41:13, accessed 7 October 2014.

Maplecroft (2014) *Climate Change and Environmental Risk Atlas,* Press Release, available: http://maplecroft.com/portfolio/new-analysis/2013/10/30/31-global-economic-output-forecast-face-high-or-extreme-climate-change-risks-2025-maplecroft-risk-atlas/, accessed 18 August 2014.

Marulanda, Mabel C., Cardona, Omar D. and Barbat, Alex H. (2010) 'Revealing the Socioeconomic Impact of Small Disasters in Colombia Using the DesInventar Database', *Disasters*, 34 (2) : 552–570.

Marx, Karl (1990) *Capital: A Critique of Political Economy*, Vol. I, trans. B. Fowkes (London: Penguin).

Marx, Karl (1965) *Capital: A Critical Analysis of Capitalist Production.* Vol. I. (Moscow: Progress Publishers).

Masozera, Michel, Bailey, Melissa, Kerchner, Charles (2007) 'Distribution of Impacts of Natural Disasters across Income Groups: A Case Study of New Orleans', *Ecological Economics*, 63: 299–306.

Massumi, Brian (ed.) (1993) 'Everywhere You Want to Be', *The Politics of Everyday Fear* (Minneapolis: University of Minnesota Press) , pp. 3–38.

Matthews, Richard (2011) 'Hurricane Irene and the Staggering Costs of Climate Change', *globalwarmingisreal.com*, 31 August, available: http://globalwarming-isreal.com/2011/08/31/hurricane-irene-and-the-staggering-costs-of-climate-change/, accessed 3 February 2014.

McClintock, Anne (2010) 'Slow Violence and the BP Coverups', *Counterpunch*, 23 August, available: http://www.counterpunch.org/2010/08/23/slow-violence-and-the-bp-coverups/, accessed 11 November 2013.

McGoey, Linsey (2012) 'Strategic Unknowns: Towards a Sociology of Ignorance', *Economy and Society*, 41 (1) : 1–16.

McKenna, Phil (2011) 'Quake Engineer: Earthquakes Don't Kill, Buildings Do', *New Scientist*, 25 May, available: http://www.newscientist.com/article/mg21028138.300-quake-engineer-earthquakes-dont-kill-buildings-do.html#. VEsemWPDXKU, accessed: 25 October 2014.

McMichael, Tony, Butler, Colin and Berry, Helen Louise (2014) 'Climate Change and Health: IPCC Reports Emerging Risks, Emerging Consensus', *The Conversation*, 31 March, available: http://*the conversation*.com/climate-change-and-health-ipcc-reports-emerging-risks-emerging-consensus-24213, accessed 16 October 2014.

Meek, James (2012) 'How We Happened to Sell Off Our Electricity', *London Review of Books*, 14 September, available: http://www.lrb.co.uk/v34/n17/james-meek/how-we-happened-to-sell-off-our-electricity, accessed 7 November 2014.

Merton, Robert K. (1936) 'The Unanticipated Consequences of Purposive Social Action', *American Sociological Review*, 1 (6) , 894–904.

Mills, C.W. (1956) *White Collar: The American Middle Classes* (New York: Oxford University Press).

Mirowski, Philip (2013) *Never Let a Serious Crisis Go to Waste: How Neoliberalism Survived the Financial Meltdown* (London: Verso).

Mogato, Manuel and Ng, Roli (2013) 'Survivors "Walk Like Zombies" After Philippine Typhoon Kills an Estimated 10, 000', *Reuters*, 10 November, available: http://www.reuters.com/article/2013/11/10/us-philippines-typhoon-idUSBRE9A603Q20131110, accessed 11 November 2013.

Molotch, Harvey (1970) 'Oil in Santa Barbara and Power in America', *Sociological Inquiry*, 40 (1) , 131–144.

Moore, Harry Estill (1958) *Tornadoes over Texas: A Study of Waco and San Angelo in Disaster* (Austin: University of Texas Press).

Moore, Malcolm (2011) ' "Grandpa Wen" Left Helpless as Internet Drives Unrest', *The*

New Zealand Herald, 30 July: B3.

Morgan, Louise, Scourfield, Jane, Williams, David, Jasper, Anne, Lewis, Glyn (2003) 'The Aberfan Disaster: 33-year Follow-up of Survivors', *The British Journal of Psychiatry*, 182: 532–536, DOI 10.1192/bjp.182.6.532.

Morton, Timothy (2013) *Hyperobjects: Philosophy and Ecology after the End of the World* (Minneapolis: University of Minnesota Press).

Morton, Timothy (2010) *The Ecological Thought* (Cambridge: Harvard University Press).

Mungin, Lateef (2013) 'Explosion Hits Fertiliser Plant North of Waco, Texas', *CNN*, 18 April, available: http://edition.cnn.com/2013/04/17/us/texas-explosion/index.html, accessed 6 November 2013.

Murthy, Dhiraj (2012) *Twitter: Social Communication in the Twitter Age* (Cambridge: Polity).

National Oceanic and Atmospheric Administration (2012) *New NOAA Model Improves Understanding of Potential Paths of Japan Tsunami Debris*, 12 April, available: http://response.restoration.noaa.gov/about/media/new-noaa-model-improves-understanding-potential-paths-japan-tsunami-debris.html, accessed 6 November 2013.

National Research Council (2011) *America's Climate Choices* (Washington, DC: National Press).

National Transportation Safety Board (2004) *Aircraft Accident Report: In-Flight Separation of Vertical Stabilizer American Airlines Flight 587, Airbus Industrie A300–605R, N14053, Belle Harbor, New York, November 12, 2001* (Washington, DC) , available: http://www.ntsb.gov/doclib/reports/2004/AAR0404.pdf, accessed 25 July 2012.

NCCOS (2013) *2013 Gulf of Mexico Dead Zone Size Above Average but not Largest*, National Centers for Coastal Ocean Science, 9 August, available: http://coastal-science.noaa.gov/news/coastal-pollution/2013-gulf-of-mexico-dead-zone-size-above-average-but-not-largest/, accessed 12 November 2013.

Neiman, Susan (2004) *Evil in Modern Thought: An Alternative History of Philosophy* (Princeton: Princeton University Press).

Nixon, Rob (2011) *Slow Violence and the Environmentalism of the Poor* (Cambridge, MA: Harvard University Press).

Norris, Fran H., Friedman, Matthew J., Watson, Patricia J., Byrne, Christoper, M., Diaz, Eolia and Kaniasty, Krzysztof (2002) '60,000 Disaster Victims Speak: Part I. An Empirical Review of the Empirical Literature, 1981–2001', *Psychiatry: Interpersonal and Biological Processes*, 65 (3) : 207–239.

Northeast Intelligence Network (2004) 'Al Qaeda Lists Successes Since 9.11 on Global Islamic Media; Includes 2001 Downing of American Airlines Flight 587 that went down over Queens', available: http://www.libertypost.org/cgi-bin/ readart.cgi?ArtNum=51498, accessed 24 July 2012.

Obama, Barack (2010) *Remarks by the President in a Discussion on Jobs and the Economy in Charlotte*, North Carolina. The White House: Office of the Press Secretary, 2 April, available: http://www.whitehouse.gov/the-press-office/remarks-president-a-discussion-jobs-and-economy-charlotte-north-carolina, accessed 5 June 2012.

OECD (2003) *Emerging Risks in the Twenty-first Century: An Agenda for Action* (Paris) , available: http://www.oecd.org/futures/globalprospects/37944611.pdf, accessed 3 November 2014.

Oliver, John (2014) 'GM Ad', *Last Week Tonight,* 18 May, available: https://www.youtube.com/watch?v=j6IZ2TroruU, accessed 14 November 2014.

Oliver-Smith, Anthony (2012) 'Haiti's 500-Year Earthquake', in Mark Schuller and Pablo Morales (eds) *Tectonic Shifts: Haiti Since the Earthquake* (Sterling, VA: Kumarian Press) , pp. 18–23.

Oliver-Smith, Anthony (1999) 'The Brotherhood of Pain: Theoretical and Applied Perspectives on Post-disaster Solidarity', in A. Oliver-Smith and S. Hoffman (eds) *The Angry Earth: Disaster in Anthropological Perspective* (New York: Routledge) , pp. 156–

172.
Oliver-Smith, Anthony (1994) 'Peru's Five Hundred Year Earthquake: Vulnerability in Historical Context', in Ann Varley (ed.) *Disasters, Development and Environment* (London: John Wiley and Sons) , pp. 31–48.

On Scene Coordinator Report (2011) *Deepwater Horizon Oil Spill* (US Coastguard) , available: http://www.uscg.mil/foia/docs/dwh/fosc_dwh_report.pdf , accessed 8 November 2013.

The Onion (2010) 'Massive Earthquake Reveals Entire Island Civilization Called "Haiti"', 25 January, available: http://www.theonion.com/articles/massive-earthquake-reveals-entire-island-civilizat,2896/, accessed 3 October 2014.

Onishi, Norimitsu (2011) 'Seawalls Offered Little Protection Against Tsunami's Crushing Waves', *The New York Times*, 13 March, available: http://www.nytimes.com/2011/03/14/world/asia/14seawalls.html?pagewanted=all&_r=1&, accessed 19 August 2014.

Orgad, Shani and Seu, Irene Bruna (2014) 'The Mediation of Humanitarianism', *Communication, Culture & Critique*, 7 (1) : 6–36.

Osborne, David and Gaebler, Ted (1992) *Reinventing Government: How the Entrepreneurial Spirit is Transforming the Public Sector* (New York: Plume).

Pain, Rachel and Smith, Susan J. (2008) *Fear: Critical Geopolitics and Everyday Life* (Aldershot: Ashgate).

Pankow, Kristine L., Moore, Jeffrey R., Hale, J. Mark, Koper, Keith D., Kubacki, T., Whidden, Katherine M., McCarter, Michael K. (2014) 'Massive Landslide at Utah Copper Mine Generates Wealth of Geophysical Data', *GSA Today (Geological Society of America)* , 24 (1) : 4–9.

Park, Ju-Min (2014) 'South Korea Court Jails Captain of Doomed Ferry for 36 Years', *Reuters*, 11 November, available: http://www.reuters.com/article/2014/11/11/us-southkorea-ferry-idUSKCN0IV0CK20141111, accessed 9 January 2015.

Parliamentary Commission on Banking Standards (2013) '*An Accident Waiting to Happen': The Failure of HBOS* (London: The Stationary Office).

Paylen, Leysia (2013) *Crisis Informatics Articles* (University of Colorado Boulder) , available: https://www.cs.colorado.edu/~palen/Home/Crisis_Informatics.html, accessed 21 August 2013.

Perec, Georges (1999) *Species of Spaces and Other Pieces*, trans. J. Sturrock (London: Penguin).

Pereira, Alvaro S. (2006) *The Opportunity of a Disaster: The Economic Impact of the Lisbon Earthquake 1755* (York University: Department of Economics) , available: http://www.york.ac.uk/media/economics/documents/cherrydiscussion-papers/0603.pdf, accessed 14 November 2013.

Perrow, Charles (2011) 'Fukushima and the Inevitably of Accidents', *Bulletin of the Atomic Scientists*, 67 (6) : 44–52.

Perrow, Charles (2007) *The Next Catastrophe: Reducing our Vulnerabilities to Natural, Industrial, and Terrorist Disasters* (Princeton: Princeton University Press).

Perrow, Charles (1984) *Normal Accidents: Living with High-Risk Technologies* (New York: Basic Books).

Peta Jakarta (2014) *Homepage*, available: http://petajakarta.org/banjir/en/, accessed 18 December 2014.

Petersen, Jennifer (2014) 'Risk and the Politics of Disaster Coverage in Haiti and Katrina', *Communication, Culture & Critique*, 7 (1) : 37–54.

Petryna, Adriana (2002) *Life Exposed: Biological Citizens after Chernobyl* (Princeton: Princeton University Press).

Picou, J. Stephen (2009) 'Katrina as Natech Disaster: Toxic Contamination and Long-Term Risks for Residents of New Orleans', *Journal of Applied Social Science*, 4 (3) :39–55.

Picou, J. Stephen, Marshall, Brent K. and Gill, Duane A. (2004) 'Disaster, Litigation and the Corrosive Community', *Social Forces*, 82 (4) : 1493–1522.

Popper, Karl R. (1963) *Conjectures and Refutations: The Growth of Scientific Knowledge* (London: Routledge and Kegan Paul).

Portes, Alejandro (2000) 'The Hidden Abode: Sociology as Analysis of the Unexpected: 1999 Presidential Address', *American Sociological Review*, 65 (1) : 1–18.

Powell, Lawrence N. (2012) *The Accidental City: Improvising New Orleans* (Harvard University Press: Cambridge, MA).

Putnam, Robert D. (2000) *Bowling Alone: The Collapse and Revival of American Community* (New York: Simon & Schuster).

Ramzy, Austin (2014) 'Response to Typhoon in Philippines Shows Lessons Learned from a Year Ago', *The New York Times*, 7 December, available: http://www.nytimes.com/2014/12/08/world/asia/as-typhoon-hagupit-hits-philippines-evacuees-express-relief.html?_r=0, accessed 15 December 2014.

Rauch, Ernst (2012) *2012 Half-Year Natural Catastrophe Review (Munich: Munich RE)* , available: Microsoft PowerPoint-MR_III_2012_HalfYear_NatCat_Review_ Touch. pptx , accessed 18 August 2014.

Reason, James (1990) *Human Error* (Cambridge: Cambridge University Press).

Reed, Adolph (2006) 'Undone by Neoliberalism', *The Nation*, 18 September: 26–30.

Rees, Martin (2003) *Our Final Hour* (New York: Basic).

Reilly, Michael (2011) 'Japan's Largest Ever Earthquake', *New Scientist*, 11 March, available: http://www.newscientist.com/blogs/shortsharpscience/2011/03/powerful-japan-quake-sparks-ts.html, accessed 8 November 2013.

Renn, Ortwin (2008) *Risk Governance: Coping with Uncertainty in a Complex World* (London: Earthscan).

Ridley, Kirstin, Franklin, Joshua and Viswanatha, Aruna (2014) 'Regulators Fine Global banks $4.3 Billion in Currency Investigation', *Reuters*, 12 November, available: http://www.reuters.com/article/2014/11/12/us-banks-forex-settlement-cftc-idUSKCN0IW0E520141112, accessed 14 November 2014.

Ritzer, George (1996) *The McDonaldization of Society* (Thousand Oaks, CA: Pine Forge Press).

Roberts, Ian (2003) 'Car Wars', *The Guardian*, 18 January, available: http://www.guardian.co.uk/comment/story/0,877203,00.html, accessed 3 February 2005.

Rodríguez-Giralt, Israel, Tirado, Francisco and Tironi, Manuel (2014) 'Disasters as Meshworks: Migratory Birds and the Enlivening of Doñana's Toxic Spill', *The Sociological Review*, 62 (S1) : 38–60.

Rojek, Chris (2013) *Event Power: How Global Events Manage and Manipulate* (Los Angeles: Sage).

Ross, Philippa (2014) 'Why Gender Disaster Data Matters: "In Some Villages, All the Dead were Women" ', *The Guardian*, 8 September, available: http://www.theguardian.com/global-development-professionals-network/2014/sep/08/ disaster-humanitarian-response-data-gender, accessed 26 October 2014.

Roth, Lawrence H. (2008) *The New Orleans Levees: The Worst Engineering Catastrophe in U.S. History – What Went Wrong and Why?* (American Society of Civil Engineers) , available: http://biotech.law.lsu.edu/climate/ocean-rise/against-the-deluge/01-new_orleans_levees.pdf, accessed 13 August 2014.

Ryu, Airi and Meshkati, Najmedin (2014) 'Why You haven't Heard about Onagawa Nuclear Power Station after the Earthquake and Tsunami of March 11, 2011', Adapted from a Research Term Paper for Human Factors in Work Design (ISE 370L) , University of Southern California, available: http://www-bcf.usc.edu/~meshkati/Onagawa%20NPS-%20Final%2003-10-13.pdf, accessed 19 December 2014.

Safina, Carl (2011) 'One Year Later: Assessing the Lasting Impact of the Gulf Spill', *Yale Environment 360*, 18 April, available: http://e360.yale.edu/feature/one_year_later_assessing_the_lasting_impact_of_the_gulf_spill/2394/, accessed 26 June 2011.

Sand, Jordan (2011) 'Diary', *London Review of Books*, 28 April, 34–5.

Sandberg, A. and Bostrom, N. (2008) *Global Catastrophic Risks Survey*, Technical

Report 2008/1, Oxford: Future of Humanity Institute, available: http://www. global-catastrophic-risks.com/docs/2008-1.pdf, accessed 5 November 2013.

Sanghi, Apurva et al. (2010) *Natural Hazards, UnNatural Disasters: The Economics of Effective Prevention* (Herndon, VA: World Bank Publications).

Sang-Hun, C., Fackler, M., Leigh Cowan, A. and Sayare, S. (2014) 'Greed Before the Fall', *The New York Times*, 27 July, 1: 12–13.

Sanyal P., and Cohen, L. R., (2009) 'Powering Progress: Restructuring, Competition and R&D in the US Electric Utility Industry', *The Energy Journal*, 30 (2) : 41–79.

Saraçoğlu, Cenk and Demirtaş-Milz, Neslihan (2014) 'Disasters as an Ideological Strategy for Governing Neoliberal Urban Transformation in Turkey: Insights from Izmir/ Kadifekale', *Disasters*, 38 (1) : 178–201.

Saviano, Roberto (2012) 'When the Earth Shudders, Cement Kills', *Beauty and the Inferno: Essays* (London: Verso) , 61–67.

Scarry, Elaine (2010) *Rule of Law, Misrule of Men* (Cambridge, MA: MIT Press).

Schama, Simon (2006) 'Sorry Mr President, Katrina is Not 9.11 ', in Katherine Viner (ed.) *The Guardian Year 2006* (London: Atlantic) , pp. 12–16.

Schivelbusch, Wolfgang (1986) *The Railway Journey: The Industrialization of Time and Space in the Nineteenth Century* (Berkeley: The University of California Press).

Schuller, Mark and Morales, Pablo (eds) (2012) *Tectonic Shifts: Haiti Since the Earthquake* (Sterling, VA: Kumarian Press).

Schumpeter, Joseph A. (1994) *Capitalism, Socialism and Democracy* (London: Routledge).

Scott, James C. (2012) 'Tyranny of the Ladle', *London Review of Books*, 6 December, pp. 21–28.

Scott, Martin (2014) 'The Role of Celebrities in Mediating Distant Suffering', *International Journal of Celebrity Studies*, 8 May, 1–18, DOI: 10.1177/ 1367877914530038.

Scribner, Megan and Herzer, Lauren (eds) (2011) *After the Disaster: Rebuilding Communities* (Washington, DC: Woodrow Wilson International Center for Scholars).

Seitz, Russell (2012) 'What Were They Doing There?' *London Review of Books*, 23 February: 4.

Sessions, R. (2009) *The IT Complexity Crisis: Danger and Opportunity*, available: http://www.objectwatch.com/whitepapers/ITComplexityWhitePaper.pdf, accessed 3 November 2009.

Sinha, Indra (2009) 'Bhopal: 25 Years of Poison', *The Guardian*, 3 December, available: http://www.guardian.co.uk/environment/2009/dec/04/bhopal-25-years-indra-sinha, accessed 17 September 2012.

Smet, Hans De, Lagadec, Patrick and Leysen, Jan (2012) 'Disasters Out of the Box: A New Ballgame?' *Journal of Contingencies and Crisis Management*, 20 (3) : 138–148.

Smith, Neil (2010) *Uneven Development: Nature, Capital and the Production of Space* (London: Verso).

Smith, Neil (2006) 'There's No Such Thing as a Natural Disaster', *Understanding Katrina: Perspectives from the Social Sciences*, 11 June, available: http://understandingkatrina. ssrc.org/Smith/, accessed 25 October 2014.

Soble, Jonathan (2014) ' "Safety Myth" is a Danger to Japan's Nuclear Power Debate', *The Financial Times*, 14 July: 2.

Solnit, Rebecca (2009) *A Paradise Built in Hell: The Extraordinary Communities that Arise in Disaster* (New York: Penguin).

Solnit, Rebecca (2005) 'The Uses of Disaster: Notes on Bad Weather and Good Government', *Harper's Magazine*, October: 31–37.

Sombart, Werner (1916) *Der moderne Kapitalismus. Historische-systematische Darstellung des gesamten Wirtschaftslebens von seinen Anfängen bis zur Gegenwart. Zweiter Band: Das europäischer Wirtschaftsleben im Zeitalter des Frükapitalismus vornehmlich im 16., 17. Und 18. Jahrhundert. Erster Halbband* (München und Leipzig: Duncker and Humblot).

Sontag, Susan (2003) *Regarding the Pain of Others* (New York: Picador).

Soron, Dennis (2007) 'Cruel Weather: Natural Disasters and Structural Violence ', *Transformations* 2007 Issue No.14, March, available: http://www.transformationsjournal. org/journal/issue_14/article_01.shtml, accessed 17 March 2010.

Stallings, Robert (2006) 'On Sociological Theory and the Sociology of Disasters', Presidential Address: International Research Committee on Disasters, *World Congress of Sociology*, Durban, South Africa, 25 July, available: http://www-bcf. usc.edu/~rstallin/ papers/presaddress.pdf, accessed 27 May 2014.

Stallings, Robert (2002) 'Weberian Political Sociology and Sociological Disaster Studies', *Sociological Forum*, 17 (2) : 281–305.

Steffen, Will et al. (2011) 'The Anthropocene: From Global Change to Planetary Stewardship', *Ambio*, 40 (7) , available: http://www.ncbi.nlm.nih.gov/pmc/articles/ PMC3357752/, accessed 14 August 2014.

Stehr, Nico, and Grundmann, Reiner (2011) *Experts: The Knowledge and Power of Expertise* (New York: Routledge).

Stewart, Jon (2014) 'True Defective: GM', *The Daily Show*, 2 April, available: http:// thedailyshow.cc.com/videos/snr0ra/true-defective-gm, accessed 14 November 2014.

Stilo, Giovanni, Velardi, Paola, Tozzi, Alberto E., Gesualdo, Francesco (2014) 'Predicting Flu Epidemics Using Twitter and Historical Data', in Dominik Ślęzak et al. (eds) *Brain Informatics and Health* (Cham: Springer) , pp. 164–177, available: http://download. springer.com/static/pdf/23/chp%253A10.1007%252F978-3-319-09891-3_16.pdf?auth66=1 418864692_2a2c64538714d817c5efe532673ed6e&ext=.pdf, accessed 18 December 2014.

Stone, Andrew (2013) 'The Long Fight to Preserve Planet Earth', *The Weekend Herald*, 26 October, available: http://www.nzherald.co.nz/nz/news/article.cfm?c_ id=1&objectid=11146407, accessed 29 October 2013.

Stone, Brian (2012) *The City and the Coming Climate* (Cambridge: Cambridge University Press).

Sundermann, Lukas , Schelske, Oliver and Hausmann, Peter (2013) *Mind the Risk: A Global Ranking of Cities Under threat from Natural Disasters* (Zurich: Swiss Re).

Susman, Paul, O'Keefe, Phil and Wisner, Ben (1983) 'Global Disasters, A Radical Interpretation', in K. Hewitt (ed.) *Interpretations of Calamity from the Viewpoint of Human Ecology* (London: Allen and Unwin) , pp. 263–283.

Swanson, Donald A. (2008) 'Hawaiian Oral Tradition Describes 400 Years of Volcanic Activity at Kīlauea', *Journal of Volcanology and Geothermal Research*, 176: 427–431.

Taleb, Nassim Nicholas (2010) *The Black Swan: The Impact of the Highly Improbable* (New York: Random House).

Techsoup (2013) *Technology for Good: Innovative Use of Technologies by Charities*, available: http://www.techsoup.org/SiteCollectionDocuments/technology-for-good-report. pdf, accessed 18 December 2014.

Teller, Paul (2005) 'Pro-Free-Market Ideas for Responding to Hurricane Katrina and High Gas', *The Shock Doctrine: The Rise of Disaster Capitalism*, available: http:// www.naomiklein.org/shock-doctrine/resources/part7/chapter20/pro-market-ideas-katrina, accessed 8 November 2014.

Thompson, C. (2005) *Improving IT Professionalism and Performance*, available: http://www.bcs.org/server.php?show=ConWebDoc.3047, accessed 3 November 2006.

Tierney, Kathleen J. (2014) *The Social Roots of Risk: Producing Disasters, Promoting Resilience* (Stanford: Stanford University Press).

Tierney, Kathleen J. (2010) 'Growth Machine Politics and the Social Production of Risk', *Contemporary Sociology: A Journal of Reviews,* 39 (6) : 660–663.

Tierney, Kathleen J. (2007) 'From the Margins to the Mainstream? Disaster Research at the Crossroads', *Annual Review of Sociology*, 33: 503–525.

Tierney, Kathleen J. (2003) 'Disaster Beliefs and Institutional Interests: Recycling Disaster Myths in the Aftermath of 9–11', in Lee Clarke (ed.) *Terrorism and Disaster: New Threats, New Ideas* (New York: Elseveir) , pp. 33–51.

Tierney, Kathleen J. (1999) 'Toward a Critical Sociology of Risk', *Sociological Forum*, 14 (2) : 215–242.

Trentmann, Frank (2009) 'Disruption is Normal: Blackouts, Breakdowns and the Elasticity of Everyday Life', in Elizabeth Shove, Frank Trentmann and Richard Wilk (eds) *Time, Consumption and Everyday Life: Practice, Materiality and Culture* (Oxford: Berg) , pp. 67–84.

Tudor, Andrew (2003) 'A (Macro) Sociology of Fear', *The Sociological Review*, 51 (2) : 238–256.

Turner, Barry (1978) *Man-made Disasters* (London: Wykeham Publications).

Turner, Barry and Nick Pidgeon (1997) *Man-made Disasters*, 2nd edn (London: Butterworth-Heinemann).

Turner, Bryan S. (1994) 'From Regulation to Risk', *Orientalism, Postmodernism and Globalism*, (London: Routledge) , 167–182.

Turner, Victor (1986) *The Anthropology of Performance* (New York: PAJ Publications).

UCTE (Union for the Coordination of the Transmission of Electricity) (2004) *Final Report of the Investigation Committee on the 28 September 2003 Blackout in Italy*, available: http://www.rae.gr/old/cases/C13/italy/UCTE_rept.pdf, accessed 6 January 2015.

UN (2014) *We Can End Poverty: Millennium Development Goals and Beyond 2015*, available: http://www.un.org/millenniumgoals/, accessed 18 December 2014.

UNDP (2012) *Fast Facts*, available: http://www.undp.org/content/dam/undp/library/corporate/fast-facts/english/FF_DRR_05102012%28fv%29.pdf, accessed 21 September 2013.

UNDP (2010) *Human Development Report 2010* (Basingstoke: Palgrave Macmillan).

UNESCO (2008) 'International Year of Planet Earth – Global Launch Event 12–13 February 2008', available: http://www.lswn.it/en/press_releases/2008/international_year_of_planet_earth_global_launch_event_12_13_february_2008, accessed 17 October 2012.

UNISDR (2014) 'UN Lauds Philippines Handling of Typhoon Hagupit (Ruby) ', 8 December, available: http://www.unisdr.org/archive/41031, accessed 15 December 2014.

UNISDR (2013a) *Disaster Impacts/2000–2012*, Preventionweb, http://www.preventionweb.net/files/31737_20130312disaster20002012copy.pdf, accessed 11 November 2013.

UNISDR (2013b) *From Shared Risk to Shared Value – The Business Case for Disaster Risk Reduction: Global Assessment Report on Disaster Risk Reduction* (Geneva: United Nations Office for Disaster Risk Reduction).

UNISDR (2013c) *Global Assessment Report on Disaster Risk Reduction* (Geneva: United Nations) , available: http://www.preventionweb.net/english/hyogo/gar/2013/en/home/GAR_2013/GAR_2013_2.html, accessed 17 January 2014.

UNISDR (2009) *2009 Terminology on Disaster Risk Reduction* (Geneva: United Nations) , available: http://www.unisdr.org/files/7817_UNISDRTerminologyEnglish.pdf, accessed 21 September 2013.

UNISDR (2007) *Hyogo Framework for Action 2005–2015: Building the Resilience of Nations and Communities to Disasters* (Geneva: United Nations) , available: http://www.unisdr.org/files/1037_hyogoframeworkforactionenglish.pdf, accessed 18 December 2014.

US Coastguard (2011) *On Scene Coordinator Report* (US Department of Homeland Security, US Coast Guard) , available: http://www.uscg.mil/foia/docs/dwh/ fosc_dwh_report.pdf, accessed 6 January 2015.

US Geological Survey (2013) 'M2.1 Explosion -1km NNE of West, Texas (BETA) ', *Earthquake Hazards Program*, available: http://comcat.cr.usgs.gov/earthquakes/eventpage/usb000g9yl#summary , accessed 6 November 2013.

Valelly, Richard (2004) 'What's Gone Right in the Study of What's Gone Wrong', *The Chronicle of Higher Education*, available: http://www.bc.edu/bc_org/rvp/ pubaf/04/review.html, accessed 18 August, 2014.

Van Loon, Joost (2002) *Risk and Technological Culture: Towards a Sociology of Virulence* (London: Routledge).

Varma, Roli and Varma, Daya R. (2005) 'The Bhopal Disaster of 1984', *Bulletin of Science, Technology & Society*, 25 (1) : 37–45.

Vaughan, Diane (1999) 'The Dark Side of Organizations: Mistake, Misconduct, and Disaster', *Annual Review of Sociology*, 25: 271–305.

Vaughan, Diane (1997) *The Challenger Launch Decision: Risky Technology, Culture, and Deviance at NASA* (Chicago: The University of Chicago Press).

Vidal, John (2010) 'Don't Consign us to History, Plead Island States at Cancún', *The Guardian*, 1 December, available: http://www.theguardian.com/environment/2010/dec/01/cancun-climate-talks-island-states-sea-levels, accessed 11 November 2013.

Virilio, Paul (2012a) *The Administration of Fear*, with B. Richard, trans. A. Hodge (Los Angeles: Semiotext (e)).

Virilio, Paul (2012b) 'Celebration: A World of Appearances – Interview by Sacha Goldman', *Cultural Politics* 8 (1) : 61–72.

Virilio, Paul (2012c) *The Great Accelerator* (Cambridge: Polity).

Virilio, Paul (2009) *Grey Ecology*, trans. Drew Burk (New York: Atropos Press).

Virilio, Paul (2008) 'Paul Virilio on the Crisis', trans. Patrice Riemens, *Le Monde*, 18 October, available: http://www.egs.edu/faculty/paul-virilio/articles/paul-virilio-on-the-crisis/, accessed 9 July 2012.

Virilio, Paul (2003) 'Foreword', *Fondation Cartier*, trans. Chris Turner, available: http://www.onoci.net/virilio/pages_uk/virilio/all_avertissement.php, accessed 19 December 2005.

Virilio, Paul (2002) *Desert Screen* (London: Continuum).

Virilio, Paul (2002) *Unknown Quantity* (London: Thames and Hudson).

Virilio, Paul (2001) 'Not Words But Visions! Interview with Nicholas Zurbrugg', in John Armitage (ed.) *Virilio Live: Selected Interviews* (London: Sage) , pp. 154–163.

Virilio, Paul (1999) *Politics of the Very Worst: An Interview with Philippe Petit*, trans. Michael Cavaliere (New York: Semiotext (e)).

Virilio, Paul (1995) 'Speed and Information: Cyberspace Alarm!', *CTheory*, available: http://www.ctheory.net/articles.aspx?id=72, accessed 6 August 2012.

Virilio, Paul (1993) 'The Primal Accident', in Brian Massumi (ed.) *The Politics of Everyday Fear* (Minneapolis: University of Minnesota Press) , pp. 211–220.

Virilio, Paul and Lotringer, Sylvère (2008) *Pure War: Twenty-Five Years Later* (Los Angeles: Semiotext (e) [1983]).

Virilio, Paul and Lotringer, Sylvère (2002) *Crepuscular Dawn* (Los Angeles: Semiotext (e)).

Vollmer, Hendrik (2013) *The Sociology of Disruption, Disaster and Social Change* (Cambridge: Cambridge University Press).

Walker, P. and Walter, J. (eds) (2000) *World Disasters Report 2000: Focus on Public Health* (Geneva: International Federation of Red Cross and Red Crescent Societies).

Walter, Tony, Littlewood, Jane and Pickering, Michael (1995) 'Death in the News: The Public Invigilation of Private Emotion', *Sociology*, 29 (4) : 579–596.

Walters, Kames M. and Sumwalt, Robert L. (2000) *Aircraft Accident Analysis: Final Reports* (New York: McGraw-Hill).

Watts, Jonathan (2011) 'Contaminated by Mistrust', *The Guardian Weekly*, 30 September: 25–27.

Watts, M.J. (1983) 'On the Poverty of Theory: Natural Hazards Research in Context', in K. Hewitt (ed.) *Interpretations of Calamity from the Viewpoint of Human Ecology* (London: Allen and Unwin) , pp. 231–262.

Weare, Robert (2003) *The California Electricity Crisis: Causes and Policy Options* (San Francisco: Public Policy Institute of California) , available: http://www. ppic.org/content/pubs/report/R_103CWR.pdf, accessed 17 November 2014.

Weber [1905], 1983. *The Protestant Ethic and the Spirit of Capitalism* (Mineola, NY: Dover).

Weber, Max (1978) *Economy and Society: An Outline of Interpretive Sociology*, edited by Guenther Roth and Claus Wittich (Berkeley: University of California Press).

Weick, Karl E. (1976) 'Educational Organizations as Loosely Coupled Systems', *Administrative Science Quarterly*, 21 (1) : 1–19.

Weisbrot, Mark (2012) 'The United Nations Must Cure Haiti of the Cholera Epidemic it Caused', *The Guardian*, 12 November, available: http://www.theguardian.com/commentisfree/2012/nov/12/united-nations-haiti-cholera-epidemic, accessed 6 January 2014.

Weiss, Daniel J. and Weidman, Jackie (2013) 'Disastrous Spending: Federal Disaster-Relief Expenditures Rise amid More Extreme Weather', *Center for American Progress*, 29 April, available: https://www.americanprogress.org/issues/green/report/2013/04/29/61633/disastrous-spending-federal-disaster-relief-expenditures-rise-amid-more-extreme-weather/, accessed 10 November 2014.

Westhead, Rick (2013) 'Bangladesh Factory Collapse: Shahera Akter, a Survivor', available: http://www.thestar.com/news/world/clothesonyourback/2013/10/11/bangladesh_factory_collapse_shahera_akter_a_survivor.html, accessed 5 November 2013.

Whiteman, Gail, Hope, Chris and Wadhams, Peter (2013) 'Climate Science: Vast Costs of Arctic Change', *Nature*, 499: 401–403 (25 July 2013) , doi: 10.1038/499401a.

Whitfield, John (2003) 'How to Clean a Beach', *Nature*, 422, 3 April, available: http://www.nature.com/nature/journal/v422/n6931/full/422464a.html, accessed 6 October 2014.

Williams, Evan Calder (2011) *Combined and Uneven Apocalypse* (London: Zero).

Winner, Langdon (2006) 'Technology Studies for Terrorists: A Short Course', in Torin Monahan (ed) *Surveillance and Society: Technological Politics and Power in Everyday Life* (New York: Routledge) , pp. 275–291.

Winner, Langdon (2004) 'Trust and Terror: The Vulnerability of Complex Socio-Technical Systems', *Science as Culture*, 13 (2) , 155–172.

Wisner, Ben, Blaikie, Piers, Cannon, Terry and Davis, Ian (2003) *At Risk: Natural Hazards, People's Vulnerability and Disasters*, 2nd edn. (London: Routledge).

Witmore, M. (2001) *Culture of Accidents: Unexpected Knowledges in Early Modern England* (Stanford: Stanford University Press).

Witt, Emily (2012) 'The Machine Stops', *London Review of Books*, 31 October, available: http://www.lrb.co.uk/blog/2012/10/31/emily-witt/the-machine-stops/, accessed 9 November 2012.

Wolfenstein, Martha (1957) *Disaster: A Psychological Essay* (Glencoe, IL: Free Press).

World Bank (2012) *The Great East Japan Earthquake: Learning from Megadisasters* (Washington, DC) , available: http://wbi.worldbank.org/wbi/Data/wbi/wbicms/files/drupal-acquia/wbi/drm_exsum_english.pdf, accessed 6 October 2014.

World Bank (2003) *Building Safer Cities: The Future of Disaster Risk* (Washington, DC) , available: http://elibrary.worldbank.org/doi/pdf/10.1596/0-8213-5497-3, accessed 26 October 2014.

World Economic Forum (2012) *Risk and Responsibility in a Hyperconnected World: Pathways to Global Cyber Resilience* (Geneva: United Nations).

World Health Organisation (2014) *Ebola Virus Disease,* Fact Sheet No. 103, available: http://www.who.int/mediacentre/factsheets/fs103/en/, accessed 24 October 2014.

World Health Organisation (2013) *Disaster Profiles – Emergency Events Database EM-DAT* (Centre for Research on the Epidemiology of Disasters) , available: http://www.emdat.be/disaster-profiles, accessed 6 October 2013.

World Health Organisation (n.d.) *Violence and Injury Prevention and Disability Programme* (VIP) available:http://www.who.int/violence_injury_prevention/publications/road_traffic/posters/en/index.html, accessed 6 March 2005.

Wright, Erik Olin (2010) *Envisioning Real Utopias* (London: Verso).

Wynne, Bryan (1996) 'May the Sheep Safely Graze? A Reflexive View of the Expert-Lay Knowledge Divide', in Scott Lash, Bronislaw Szerszynski and Brian Wynne (eds) Risk, *Environment, Modernity: Towards a New Ecology* (London: Sage) , pp. 44–83.

Wynne, Bryan (1988) 'Unruly Technology: Practical Rules, Impractical Discourses and Public Understanding', *Social Studies of Science*, 18 (1) : 147–167.

Yates, Joshua (2003) 'An Interview with Ulrich Beck on Fear and Risk Society', *The Hedgehog Review*, Fall 1, available: www.iasc-culture.org/THR/archives/ Fear/5.3HBeck. pdf, accessed 29 October 2014.

Zero Waste International Alliance (2014) *Homepage*, available: http://zwia.org/, accessed 18 December 2014.

Žižek, Slavoj (2012) 'Choosing our Fate', *The Symptom*, 12 March, available: http:// www.lacan.com/thesymptom/?page_id=1934, accessed 9 December 2014.

Žižek, Slavoj (2010) *Living in the End Times* (London: Verso).

Žižek, Slavoj (2009) *First as Tragedy, Then as Farce* (London: Verso).

Žižek, Slavoj (2008a) *The Sublime Object of Ideology* (London: Verso).

Žižek, Slavoj (2008b) *Violence: Six Sideways Reflections* (London: Profile).

Žižek, Slavoj (2005) 'The (Mis) uses of Catastrophes', in Laurence Simmons, Heather Worth and Maureen Molloy (eds) *From Z to A: Žižek at the Antipodes* (Wellington: Dunmore) , pp. 35–42.

Žižek, Slavoj (2002) *Welcome to the Desert of the Real* (London: Verso).

Žižek, Slavoj (2001) *Enjoy Your Symptom! Jacques Lacan Inside Hollywood and Out* (New York: Routledge).

Žižek, Slavoj (2000) *The Fragile Absolute-or, Why is the Christian Legacy Worth Fighting For?* (London: Verso).

Žižek, Slavoj (1989) *The Sublime Object of Ideology* (London: Verso).

图书在版编目（CIP）数据

灾难、风险与启示 /（新西兰）史蒂夫·马修曼著；
李玉良，王丽译 . −− 北京：北京联合出版公司，2022.7
　　ISBN 978−7−5596−6166−1

　　Ⅰ . ①灾… Ⅱ . ①史… ②李… ③王… Ⅲ . ①灾害管
理−风险管理−研究 Ⅳ . ① X4

中国版本图书馆 CIP 数据核字（2022）第 075130 号

灾难、风险与启示

作　　者：〔新西兰〕史蒂夫·马修曼
译　　者：李玉良　王　丽
出 品 人：赵红仕
责任编辑：刘　恒
产品经理：甘　露
封面设计：鹏飞艺术

北京联合出版公司出版
（北京市西城区德外大街 83 号楼 9 层　　100088）
三河市延风印装有限公司印刷　　新华书店经销
字数 145 千字　960 毫米 ×640 毫米　1/16　20.5 印张
2022 年 7 月第 1 版　　2022 年 7 月第 1 次印刷
ISBN 978−7−5596−6166−1
定价：36.80 元

版权所有 侵权必究
北京市版权局著作权合同登记　图字：10-2022-1958 号